兔耳朵百变发型书

摩天文传◎编著

U0341618

江苏科学技术出版社　凤凰含章

图书在版编目（CIP）数据

兔耳朵百变发型书 / 摩天文传编著. -- 南京 ： 江苏科学
技术出版社，2014.6

ISBN 978-7-5537-3074-5

Ⅰ．①兔… Ⅱ．①摩… Ⅲ．①女性－发型－设计
Ⅳ．① TS974.21

中国版本图书馆 CIP 数据核字 (2014) 第 074689 号

兔耳朵百变发型书

编　　　著	摩天文传
策　　　划	祝　萍　陈　艺
责 任 编 辑	樊　明　倪　敏
责 任 校 对	郝慧华
责 任 监 制	曹叶平　周雅婷

出 版 发 行	凤凰出版传媒股份有限公司
	江苏科学技术出版社
出版社地址	南京市湖南路 1 号 A 楼，邮编：210009
出版社网址	http://www.pspress.cn
经　　　销	凤凰出版传媒股份有限公司
印　　　刷	北京旭丰源印刷技术有限公司

开　　　本	710 mm×1000 mm　1/16
印　　　张	12
字　　　数	120 000
版　　　次	2014 年 6 月第 1 版
印　　　次	2014 年 6 月第 1 次印刷

标 准 书 号	ISBN 978-7-5537-3074-5
定　　　价	35.00 元

前　言

日本时尚杂志主编说："兔耳朵发带是日系杂志造型的常青树。"

在每一本日本的时尚少女杂志上，你都能看到兔耳朵发带的身影。我们无法考究兔耳朵发带是何时兴起的，但可以肯定的是，兔耳朵发带伴随了日本妈妈辈和姐妹辈的成长，不管流行趋势如何变化，兔耳朵发带始终广受日本女生宠爱。每个为日系杂志工作的造型师，包里都备有几根兔耳朵发带，每个日本少女的成长中，都会购买各种花色的兔耳朵发带。兔耳朵发带是每个日本女生必备的发型神器，而这本《兔耳朵百变发型书》将为你打开成为发型达人的大门！

学发型的女孩说："各种工具让人眼花缭乱，有没有一种简单又好用的发型神器？"

打开一个满满的工具箱，里面是各种眼花缭乱的发型工具和发饰——这应该是专业发型师才需要的装备！有没有一件简单而亲切的小发饰，简单几下就可以变出一周七天完全不同的发型？这是每个爱美女孩的梦想，而兔耳朵发带就是让爱美女孩梦想成真的魔法棒！《兔耳朵百变发型书》甄选日系杂志最当红的发型，结合中国人的使用习惯，改良了更完美的兔耳朵发带，并且针对这根神奇的发带做了细致详尽、简单易学的步骤详解。

研发团队说："这是完全颠覆传统发型书模式，创新性开发的发型学习套装。"

传统美容书只是单一的图书，读者在真正学以致用时，会发现书上使用的工具和现实并不相同，自然就会产生一些实际操作的偏差。而《兔耳朵百变发型书》完全颠覆了传统发型书的模式，它创新性地开发了"发型学习套装"模式，把定制的美发工具和教学手册完美结合，让读者可以真正做到所见即所得，学以致用，分毫不差。

资深图书编辑说："这是美容教学团队智慧的结晶，比美容作者强大百倍的阵容。"

专业发型师做的发型用到的工具太多、技巧太炫，普通女孩只能望而却步；发型达人做的发型只适合自己的脸型和头型，换了别人就很难驾驭。而这本《兔耳朵百变发型书》是由国内最好的女性美容时尚图书创作团队摩天文传所创作，这支团队有资深的美容编辑时刻关注全球最新美容资讯，由团队成员共同研发更具有普遍适用性的发型学习套装，并给读者设计出完美的学习方案和学习曲线，所有做发型的步骤全部采用高清分解步骤图讲解，每张图片都纤毫毕现，只要把兔耳朵发带和头发绑在一起，轻松几下就能做出让自己和旁人都赞不绝口的完美发型！

目录 CONTENTS

CHAPTER 1 基本手法
学习打造完美发型的基础手法

CHAPTER 2 万用发带
认识头部造型神器兔耳朵

CHAPTER 3 脸型改造
选择最适合自己的发型

CHAPTER 4 美发周记
长中短发量美发一周变

CHAPTER 5 衣橱搭配
培养发型和服饰穿搭之间的默契

CHAPTER 6 造型"心机"
小技巧改造发型缺陷

CHAPTER 1
基本手法

学习打造完美发型的基础手法

发型有点难度就只能弃械投降？是时候加强你的基础美发技巧了！从最简单的烫发、编发、打毛、撕拉技巧入手，步步深入，带你逐步体验小技巧大变化的神奇效果！还称自己是发型菜鸟吗？这里就是最强悍的新手训练营！

头部造型神器
——
万用兔耳朵发带

有一款发饰能满足所有发型的需求吗？只有"兔耳朵"可以！它曾经是席卷时装周 T 台的造型利器，现在更成为平凡女生日常造型的百变法宝！

88cm
特别订制！便于打造多种造型的长度

根据亚洲人头型测量订制，长度为 88 cm 的兔耳朵发带能适应各种头围。同时满足佩戴舒适以及形状完美的要求，便于施展拧、盘、绑、打结等各种造型技巧，实现变化多端的造型可能。

3mm
特殊结构！内置超韧塑形钢丝灵活百变

发带内置直径 3 mm 的外覆膜超韧钢丝，进口塑胶外覆膜具备防水功能，确保发带使用寿命；超韧钢丝能承受多达 20000 次的弯折，在多次使用的前提下依然具备塑形、定型的造型效果；末端回形设计避免钢丝穿透发带伤及头部，确保使用安全。

60s
精心织造！60 支极柔缎面棉打造上乘质感

发带面料采用了 60 支极柔棉纱制成，手感柔软，光泽细腻。确保长时间包覆头部依然通风透气，不会造成出油窘况。这种密度的面料能通过上万次的清洗测试，即使经过水洗雨淋也不会减轻色泽的崭新度。

20g
超轻重量！无感超轻减少头部负担

兔耳朵发带整体重量只有 20 g，避免一般头箍的沉重不适及紧勒感。内置塑胶外膜包覆的钢丝无论做出何种造型都不会压迫头部，编成发辫也不会增加发型重量，对发根及头皮造成伤害。

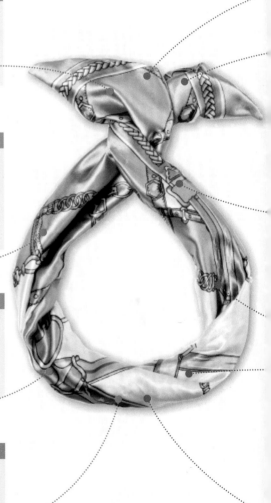

一款万能发饰必须具备做成各种外形的可能性——兔耳朵、蝴蝶结、玫瑰花、十字结……我们发现这款发带几乎能实现女生最喜爱的所有造型，成为让人惊喜连连的造型神器。

头部造型神器
完全解密

19% 的女生担心佩戴发带会过于张扬

低调的缎面棉不会产生太多让你不自在的反光，迎合倾向低调造型的女生喜好。

36% 的女生担心黑色头发不便于突出发带

通过对亚洲女生发色（染发和原发色）进行分析，我们设计出能对比出黑发以及染色效果的专利图案和配色。

24% 的女生希望发带能非常实用

考虑到便于随身携带的需求，发带采用超韧钢丝以及无痕面料，可折叠放入包内，取出并不影响使用。

8% 的女生担心发带图案一成不变

面料图案采用非规律的抽象设计，面料与钢丝之间并不缝死，便于旋转直至自己喜欢的图案，实现风格的转换。

11% 的女生担心头发剪短就无法继续使用

此款发带适合短、中、长三种长度的发型，即使是中性短发也能施展造型功力。

2% 的女生认为用好发带太需要技巧

内置钢丝灵活自如的塑形功能，让即使手笨的你也能成为造型达人。

借助卷发棒塑造头发丰盈感

发尾烫是日常造型中最常用到的技巧，它不仅可以减少发尾参差不齐的状况，还能让发量因为底端的堆积而显得丰厚。发尾烫技巧不仅可以用在长发上，还可以让刘海看起来蓬松饱满。

基础手法接力教程

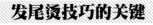

Step1: 烫发尾要先从最下面的头发开始，每次上卷的发片宽度为5~6 cm，厚度适中即可。

Step2: 用密齿梳将头发梳直，未经梳理的头发即使烫卷了卷度仍然是凌乱的。

Step3: 从距离发根 8~10 cm 的位置开始夹，然后轻轻松开夹口拉到发尾，使发尾完全收入卷棒中。

Step4: 发尾内卷 1 圈即可，上卷时将头发提高约 45 度，并且保持卷棒水平能令发尾产生堆叠效果。

Step5: 保持 15~18 秒即可，刚离开卷棒的头发不要急于梳理，自然冷却弧度会更加自然。

Step6: 平时打理烫过的发尾时，最好用鬃毛卷筒梳朝内卷，然后梳顺，不要使用密齿梳强梳。

发尾烫技巧的关键

Point1: 烫发方向影响堆叠效果

烫发尾最好分为左、右、后三个方向，尤其是在烫背后的头发时，不要将后侧的头发往前拉再烫，这样就会造成倾斜的卷度，无法形成让发量增厚的平卷。同理，左右侧的头发也应按其同侧方向上卷，不要偏移到别的角度。

Point2: 烫发的拉力决定卷度一致

在卷棒夹好发尾时，应该将发丝稍稍拉直，确保每根发丝都能烫在内侧面。如果烫发的时候头发松紧不一，就会造成受热不均，导致卷度大小不一或者出现烫出来的折痕。

Point3: 卷发棒直径的选择

如果仅仅是烫卷发尾，卷棒直径对最终效果的影响不大。32 mm 的大号卷棒比起 22 mm 的小号卷棒可以塑造较大较自然的弧度，但相对持久性就不如小卷棒带来的效果。发质如果易于定型的话，选择 28 mm 直径的卷棒最适合。

发尾烫——基本手法运用解疑

Q: 刘海易扁塌，发尾烫能解决吗？

A: 发尾烫是解决刘海扁塌最好的方法之一，通过塑造发尾的支撑力，将刘海撑起弧度，不仅丰厚了刘海的发量，还能优化五官比例。刘海呈圆弧隆起状的话，还能起到瘦脸的效果。

Step1: 首先将刘海和鬓角的头发分开，用密齿梳梳直后，用手指夹扁拉直，提高 45 度。

Step2: 卷发棒加温后平放上卷，从刘海中段上夹慢慢向发尾移动，将发尾内卷 3/4 圈，保持 4~5 秒。

Step3: 将全部刘海烫过一次后，再薄选一层最外层的头发，再次内卷发尾 3/4 圈，加强发尾的弧度。

Q: 烫过发尾的情况下，日常怎么打理才能保持形状？

A: 已经烫过发尾的情况下最好不要再烫，避免卷度凌乱后头发更显毛躁。利用一把筒梳，再加上吹风机就能完成保持卷度的工作。

Step1: 先用筒梳将头发梳顺，遇到发尾时不要硬梳，应该顺着内卷弧度带过。

Step2: 吹风机调至热风档，筒梳将发尾带卷的同时，吹风机以 45 度外切角度配合筒梳定型。

Step3: 筒梳配合吹风机的定型效果更加蓬松自然，头发微湿时吹干效果最好。

Q: 背后的头发够不着，烫发尾怎么做才得心应手？

A: 由于头发生长分布规律，头顶和后侧的头发通常较稀疏，因此背后的头发要尽量大片整烫才能塑造出丰盈的效果，和左右侧的头发不同，尽量不要分片烫。

Step1: 先将头顶和后脑勺的发量划分出来，握成厚度适中、宽度为 8~10 cm 的发片。

Step2: 根据自己顺手习惯，可先从耳朵齐平的位置上夹，然后慢慢低头、手臂同步垂下，缓松卷棒移至发尾。

Step3: 可以从镜子中观察发尾是否完全进入卷棒，也可以拉紧头发，感觉发尾完全进入卷棒。

全员集齐展示！这些发型都是通过发尾烫技巧达成的！

想不到吧！如此变化多端的超美发型，竟然全是通过发尾烫这个技巧实现的。
发尾烫不仅可以塑造发尾的层次感，还能赋予发型不一样的轮廓感。
比直发多一点柔美，比卷发少一点刻意，就是发尾烫的最强优势。

Style1　兔耳朵 × 直发发尾烫造型

▲可提升出门精致度的超简单发型，保持直发的利落感，同时拥有发尾卷的俏皮个性。

 Back　 Side

Style1 打造技巧：

　　将头发完全梳直后，利用卷发棒内卷发尾1圈，等全部头发烫完后用吹风机冷风降温。最后将卷度用手轻轻抖散，使用哑光雾状定型喷雾专注发尾，就能达成最终效果。

Style2　兔耳朵 × 半头发尾烫造型

▲即使不是全头发尾烫卷也能拥有优雅表现，烫卷局部就是必胜秘诀。

 Back　 Side

Style2 打造技巧：

　　以太阳穴平行线为界，上半区头发扎马尾内卷成发髻，将兔耳朵戴在发髻之下。剩余的头发用卷发棒内卷发尾1圈，自然搭在肩膀上，即可达成优雅的半头造型。

Style3　兔耳朵 × 单侧发尾烫造型

▲实践简约主义的单侧发尾内烫，是整款发型的点睛之笔。

Style4　兔耳朵 × 及肩发尾烫造型

▲缩短长度后再进行的发尾内烫，青春活力四射，成为减龄必选发型。

Back

Side

Back

Side

Style3 打造技巧：

　　以太阳穴平行线为界，将上半区头发抹了发蜡后内卷夹好，发带从内卷处向上系加固内卷。剩余的一小簇头发搭在侧肩，并用卷发棒内卷发尾1圈，徐徐上勾，比直发更多巧思。

Style4 打造技巧：

　　利用编辫技巧将头发在背面编加股辫，编到后颈位置时，发尾一分为二、互相打结后缩短。接着利用夹子加固打结处，最后用卷发棒将发尾向脖子方向内卷1圈，即可达成减龄的效果。

打造内卷波纹，立现瘦脸奇迹

内卷烫

内卷烫是日常烫发中必须掌握的技巧，而亚洲女生也更倾向于用内卷烫的烫发手法来修饰脸型。内卷烫可以将头发呈现流畅的内旋弧度，从而收窄脸型。

基础手法接力教程

Step1: 内卷前先将头发分层，发量适中的话一般分为上下两层，发厚可分三层。

Step2: 将头发梳顺、拉直并抬至45度的高度，再将发尾内卷1圈半。

Step3: 在拉直头发的前提下，慢慢向上卷，确保头发均匀地卷在卷棒上。

Step4: 慢慢将头发卷至太阳穴的高度，停留15~20秒，可用手确认头发的温度。

Step5: 头发表层上卷之后的效果，发尾内扣，呈现的弧度比较宽厚、丰盈。

Step6: 将头发上下两层内卷即可呈现图片中的效果，用手轻轻横向拨开卷度即可完成造型。

内卷烫技巧的关键

Point1: 确保发丝彻底梳顺

发丝梳顺才能确保卷度流畅蓬松，发尾如果出现凌乱参差的状态，很大程度上是上卷时没有先梳顺头发，受热后会更加凌乱。

Point2: 发丝尽量均匀包绕卷棒

为什么每次发尾已经烫卷了，中段还是直的？原因是发丝包绕卷棒时都缠绕在同一个地方，导致发丝外层受热不足，最后出现发尾过卷或中段不卷的状况。

Point3: 灵活控制烫卷的时间

由于每个人的发质和干湿度不同，上卷时间需要自己通过累积经验来判断。上卷前最好将头发吹至全干，上卷后用手指试探最外层头发的温度，如果过烫则证明时间差不多了，可以慢慢打开卷棒。

内卷烫——基本手法运用解疑

Q: 外层的头发已经不卷时，如何短时间内恢复卷度？

A: 烫卷有一段时间后，卷度通常都会不太明显了。这时可以将外层的头发分为若干宽发片，再逐一整烫、定型，即可让卷发恢复到完美的初始状态。

Step1: 将最外层的头发分成宽度为8~10 cm的宽发片，梳子轻梳表面并拉紧发根。

Step2: 不要卷烫发尾，而是从发丝的中段上夹，内卷到尽量靠近发根的高度后维持数秒。

Step3: 当头部最外层的头发全部整烫1圈后，手抓发丝中段提高，并用喷雾定型卷度即可。

Q: 烫了内卷的头发怎么打理才能维持蓬松度？

A: 由于头发本身会吸湿，一段时间后蓬松会下降，卷度也会打折。用筒梳重新处理卷度，再配合定型喷雾可将蓬度"挽留"下来。

Step1: 提高头发，用筒梳从发尾内侧面将纠结的地方梳开，可在一定程度上恢复发尾的蓬松感。

Step2: 双手插入头皮，快速拨动发根，令下垂的发根恢复根根站立的状态。

Step3: 将头发向外提高，等卷度堆积到一起时使用定型喷雾，增厚卷度的发量。

Q: 想要脸型更瘦，还可以在哪里"动手脚"？

A: 你有注意到贴脸鬓角发的瘦脸秘密吗？将这部分头发烫成内卷，就可以收小脸的外围，比单纯将发尾烫成内卷的瘦脸效果更好！

Step1: 将两侧额角至耳朵前切线之前的头发划分出来，这部分就是贴脸鬓角发的区域。

Step2: 头部稍微低一些，令鬓角发下垂后，竖放卷发棒上卷，塑造内扣弧度。

Step3: 最后烫出来的卷度能和腮腺形成重合，起到超强的瘦脸效果。

全员集齐展示！这些发型都是通过内卷烫技巧达成的！

因为发质和上卷时间的差异，每个人运用内卷烫技巧所得到的效果都会不同。
内卷烫不仅能令全头头发增色，即使局部内卷，也能产生画龙点睛的效果。
不少发型在完成后，用卷发棒内卷发尾，就能立马蜕变！

Style1 兔耳朵 × 发尾内卷烫造型   **Style2** 兔耳朵 × 鬓角发内卷烫造型

▲一种技巧足以点亮全身！自然随意的发尾突出清新可人的气质。

▲只需处理好鬓角发，就能给一款偏成熟的盘发赋予减龄效果。

Back   Side   Back   Side

Style1 打造技巧：

　　把头发分成左、右、背面三区后，再上下分层，用卷发棒内卷 2~3 圈后停留一点时间，即可形成这款蓬松自然的卷发造型。

Style2 打造技巧：

　　两侧各预留一把鬓角发，在头发背面以编发的手法编一条长辫，编好后在右侧盘成扁圆的发髻。将卷发棒竖向上卷 2 圈半，令卷度从颧骨位置展开即可。

Style3 兔耳朵 × 单束内卷烫造型

▲单边垂肩的发型不仅修饰脸型，也让明朗健康的气质上升。

Back

Side

Style3 打造技巧：

　　将全部头发用密齿梳向左侧梳顺，用手随机分为两份，分别烫出内卷。戴上兔耳朵发带后头发的摆放位置即可固定下来，接下来需保持卷度不被打散，喷少量定型喷雾即可。

Style4 兔耳朵 × 半头披发内卷烫造型

▲内卷的线条令普通的半头披肩发变得精致优雅，自然的感觉也不减毫分。

Back

Side

Style4 打造技巧：

　　从两侧太阳穴后侧抓取一些发量，分别向中间拧转后合并在头部后侧，用夹子固定。然后利用兔耳朵将拧转的位置压好，下层头发分两等份往前拨，分别内卷烫发尾1圈半即可。

塑造出乎意料的唯美卷度

外卷烫

弧度外翻的外卷不但不会令脸型的缺点突出，还能修饰侧脸，从而缩窄脸的侧面面积，实现瘦脸效果。如果你的发量较少，并且修剪的时候层次较多，外卷烫是很好的选择。

基础手法接力教程

Step1: 外卷烫分区时，要竖向整片取发量，用密齿梳将头发整片梳起，拉直提高45度。

Step2: 将卷棒竖向握拿，拉直头发并朝外内卷。注意头发要始终拉紧，并且抬高。

Step3: 上卷的时候尽可能靠近发根，确认头发的卷曲方向是朝外的，保持15~18秒。

Step4: 松开卷度后，用同样的方法加烫最上层的发片，可将卷烫倾斜45度，卷向仍然朝外。

Step5: 烫好后将外卷的位置抓高，用定型喷雾喷洒表面即可让卷度定型，不需喷到发尾。

Step6: 发流往外翻卷可形成唯美梦幻的卷发效果，在塑造甜美造型时这种卷度最贴切。

外卷烫技巧的关键要素

Point1: 分区取发谨记"薄量"

内卷烫的分区技巧和外卷烫有很明显的区别：内卷烫分区为横向分区，所取的每份发量可厚些，令卷度更加丰盈；外卷烫分区为竖向分区，每份发量越薄，卷度就更为明显。

Point2: 竖向握棒

由于一些人不习惯将卷发棒打直上卷，把握不好头发的松紧，卷度就容易凌乱。秘诀是上卷时一定要将头发拉紧，分握卷发棒上下的左右手配合一致，像使用卷轴一样操作卷发棒即可。

Point3: 外卷烫的定型秘诀

定型外卷纹路时，不要将定型喷雾用在发根或者发尾，一开始出现卷度的起始位置承受的重力最大，因此这里才是最需要定型的地方。

外卷烫——基本手法运用解疑

Q: 如果想给刘海塑造外卷造型，该怎么操作？

A: 梳顺—拉紧发根—抬高上卷，外卷烫的神奇三步也可以运用在刘海上。唯一的区别是刘海的卷烫圈数不必那么多，发尾1圈即可。

Step1: 将你希望烫卷的刘海区域划分出来，用梳子梳顺后一手拉紧发根并抬高45度。

Step2: 从距离发尾约5 cm处上卷，发尾整齐卷入卷棒中，发尾朝上。

Step3: 轻轻松开棒夹，向上外卷同时将发尾旋入棒夹内，从镜子里确认发尾外卷1圈，卷烫8~10秒即可。

Q: 怎样才能让下巴的线条显得更尖更好看？

A: 外卷烫是一种能令下巴线条更好看的重要技巧，将与耳齐平的这部分头发上卷，等同于延长腮腺，会令下巴有变长变窄的瘦脸效果。

Step1: 将耳朵齐平的这部分头发选出来，用卷棒整烫成外翻卷的造型，注意最靠近腮腺的地方卷度要最明显。

Step2: 卷烫后可用梳子轻梳上半区，令头发根根分明，有加蓬太阳穴凹区的作用，间接瘦脸。

Step3: 用手指将外翻卷的卷度向外撑开，定型喷雾从外喷洒定型即可。

Q: 即使不是全头外卷，局部使用外翻卷也有神奇改变？

A: 在处理靠近脸部外围的这部分头发时，外卷烫是个很神奇的技巧。如果你的太阳穴和上庭区较窄，外卷烫可以拓宽这部分的面积，使脸型比例更加匀称。

Step1: 将靠近太阳穴位置的少量鬓角发预留出来，用密齿梳分界。

Step2: 卷发棒竖向握拿，从距离发尾5 cm处上卷，往外夹烫1圈半，停留8~10秒。

Step3: 这部分头发往外夹烫后，能丰盈太阳穴凹区，配合长眉和延长眼线，实现将眼睛放大的神奇效果。

全员集齐展示！这些发型都是通过外卷烫技巧达成的！

老成！风韵！…… 你是不是也曾对外卷烫的发型有过这样的错觉？
和你想象的截然不同，外卷烫是实现洋气卷度的直达通道！
外卷烫是一种能在微熟雅致和轻龄甜美中实现绝妙平衡的神奇技巧。

Style1　兔耳朵 × 全头外卷烫造型

▲在美好烂漫的柔叠波纹衬托之下，轻松达成小脸愿望。

Back　*Side*

Style1 打造技巧：
　　选择直径在 32 mm 以上的大号卷发棒，全头头发以两耳水平线为基准线，将往下部分的头发全头整烫成外翻卷，最后使用硬度较强的定型喷雾即可。

Style2　兔耳朵 × 外卷烫短盘发造型

▲将头发先整烫外翻卷再做盘发，能实现出乎意外的唯美效果。

Back　*Side*

Style2 打造技巧：
　　头发全头整烫成外卷，从背后分左右两区，分别向内拧转 2~3 圈后，将发尾盘于颈后，用夹子固定即成这款唯美效果的短盘发。

Style3 兔耳朵 × 侧分发外卷烫造型

▲外卷烫技巧能将集于单侧的头发烫出更饱满的厚度，将秀发的丰盈之美推至顶峰。

Back　　　　*Side*

Style3 打造技巧：

　　以太阳穴平行线为界，将上半区的头发用手向左侧抓拢。将全头头发集于左侧后，用卷发棒在耳后、颈侧两个位置分别烫出明显的外翻卷，喷上高硬度定型喷雾即可。

Style4 兔耳朵 × 风筝扎发外卷烫造型

▲烫过外卷的头发更容易盘成外卷盘发，发流自然丝毫没有做作之嫌。

Back　　　　*Side*

Style4 打造技巧：

　　以两边耳垂平行线为界，在颈后预留一小把头发，剩余头发全部整烫成外翻卷，卷度可随性，目的是改变直发状态，便于下一步更容易将头发外卷成小发卷。用夹子将数个小发卷集中固定后即成外翻短盘发。

打造甜美的发辫细节

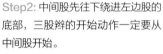

三股辫一直以来都是颇受欢迎的造型技巧。不论是局部发挥作为整体发型的元素，还是勇挑大梁作为造型的核心，三股辫都是实现可爱和甜美风格的重要手法。

基础手法接力教程

Step1: 将要编三股辫的头发片选出来，用食指和中指插入中间，分为三等份。

Step2: 中间股先往下绕进左边股的底部，三股辫的开始动作一定要从中间股开始。

Step3: 左股往中间移动变成中间股，右股顺势叠在上面，完成开始的第一手编发。

Step4: 接下来，位于最左的中间股叠在右股的上方，编发时需保持三股头发拉力均匀，不要有过紧或过松现象。

Step5: 以两边的发股不断叠加在中间发股为原则，直到将发辫完成。

Step6: 发辫编好后要用皮筋绑紧发尾，防止发尾松脱就可以进行下一步造型了。

三股辫技巧的关键

Point1: 分股均匀是首要原则

无论发辫粗细，每一股 1/3 的发束都要发量均等，这样才能打造出均匀紧致的发辫。分股均匀需要用手感去把握，多练习几次即可。

Point2: "略紧一些" 刚刚好

为什么我编的辫子总是松松散散的？发辫松散、歪扭都是编发时用力不均导致的。发辫的最终粗细程度不是在编发的同时来把握，而是在发辫完成后通过拉松每股发束调整的。因此编发时应该把辫子编得略紧一些，粗细等完成后再微调。

Point3: 发质和发辫息息相关

辫子总是特别毛躁？除了用润发乳抚平毛躁这个解决方法之外，尽量选择长短均等的头发编辫，避免发尾从发辫中岔出，是避免发辫毛躁的好方法。

三股辫——基本手法运用解疑

Q: 在完全看不到的背面，如何编好三股辫？

A: 由于背面的状况往往看不到，所以我们需要借助一些小技巧帮助编发，例如编发时可低头让发根绷紧、用耳垂作为标杆测定左右股是否拉到位等。

Step1: 为避免编出的辫子很松，一开始编辫时需稍微低头，以便分握每一束的手拉紧发根。

Step2: 把两边耳垂想象成两个点，每次交错后往两边拉的发束都需要回到点上，这样可以避免辫子编歪。

Step3: 辫子完成后不要往某一边侧拉系上皮筋，这样也会导致辫子歪扭，应向上翻，在居中位置绑好固定。

Q: 如何让刘海乖乖听话，打造发辫刘海？

A: 刘海编辫最难解决的问题是改变刘海的方向，通过在编辫前使用发蜡，可以让发丝乖乖听话，完全"由你摆布"。

Step1: 将刘海梳顺并且往你喜欢的方向拉直，从距离发根约2 cm的位置涂少量发蜡，将发丝定型。

Step2: 开始编辫时要在两手的指腹用上少许发蜡，以便黏住随时往外跑的碎发。

Step3: 尽量将较短的刘海往内侧编，让发尾摆向内侧，避免从左右两侧岔出。

Q: 逆向编辫时，总是感觉很难成功？

A: 当发型需要用发辫横跨头部时，就必须依靠逆向编辫的技巧来实现。只要懂得处理毛躁的发根，掌握其中诀窍就能编出均匀紧致的发辫。

Step1: 将要编辫的头发逆梳发根，编辫时需要将发根完全拉直。

Step2: 为避免外翻的发根显得毛躁，可以从下往上轻抹少许发蜡，抚平逆毛和碎发。

Step3: 编发辫时不应往旁边拉，而是尽量往高处拉，这样才能编出均匀紧致的发辫。

全员集齐展示！这些发型都是通过三股辫技巧达成的！

也许你会认为三股辫没有难度，但是今天你会臣服于它的光芒！
单根三股辫不足为奇，但是和其他造型技巧配合就能产生令人惊艳的抢镜效果。
如果能在各式发型中灵活融入三股辫，就能将平凡变成不凡！

Style1 兔耳朵 × 双股三股辫造型

▲北欧少女最钟爱的双股发辫，像橄榄枝一样柔美动人。

Back　*Side*

Style1 打造技巧：
　　利用逆向编发的技巧，从两侧耳朵的上方分别向头顶编一条细三股辫，两条发辫上下交叠后，将发尾都藏进事先戴好的兔耳朵内即可。

Style2 兔耳朵 × 三股辫刘海造型

▲华丽的发辫刘海搭配轻柔发尾卷，打造出的是甜涩参半的轻熟造型。

Back　*Side*

Style2 打造技巧：
　　从右额额角上方向左侧太阳穴编三条细的三股辫，三条发辫辫尾集成一股，用橡皮筋绑好后向上绕固定即可。最后将兔耳朵戴好，压在三条发辫的开端处遮盖暴露的头皮。

Style3　兔耳朵 × 侧边三股辫造型

▲最简单的三股辫技巧，像清茶一样保留少女的天真原味。

Back

Side

Style3 打造技巧：

　　先用润发乳将头发打理柔顺，拢至右肩一侧，编较粗的三股辫。发辫完成后将兔耳朵发带由后往上系压住刘海根部即可。

Style4　兔耳朵 × 三股辫盘发造型

▲扮演着重要角色的发辫，由它装点的盘发像待拆的礼物一般可爱诱人。

Back

Side

Style4 打造技巧：

　　从头部后侧按"人"字型将头发分为两份，分别编出一条三股辫。发辫完成后分别向头顶的位置上翻，先用夹子稍微固定一下。最后利用戴好的兔耳朵发尾把辫尾藏好。

交叉手法打造繁复细节

加股辫不只是三股辫的升级版，它创造的是另一种更加华丽、富有张力的风格。对清新的"森女风"而言，多股编意味着古典和淳朴。对活泼的日系风格而言，它代表着可爱和绝不雷同。

基础手法接力教程

Step1: 选择一片位于中间、两侧发量充足的发片作为开端，分为三等份待用。

Step2: 中间股发束从下穿插移至最左，原先的左股移至最右，原先的右股从上方绕到中间。

Step3: 从编发的左侧位置再抓取一把发量同等的发束，将发根拽紧再加进去。

Step4: 新加入的发束和发辫的左、中股合并形成一股，发辫的右股独立，再从发辫右侧抓取一股发束。

Step5: 右侧发束和发辫右股合并形成一股，再从发辫左侧抓一股发束，按三股辫编法编辫。

Step6: 完成加股辫后或者旁边没有头发可抓取时，可以按照三股辫的编发方法收尾。

加股辫技巧的关键

Point1: 就近抓取原则

在发辫旁边抓取需要加股的发束时，应该从左右两侧临近位置抓取，不要相隔太远，否则会编出粗细不均的发辫。

Point2: 以中间股为发辫准线

编加股辫容易偏离中间位置，导致发辫出现左扭右歪的状况，因此交错每股发束时，中间股一定要明确不能歪斜，两边加股也不要将中间股拽偏。

Point3: 发量合并的就近原则

抓取了新的发束要和发辫其中一股发束合并时应按照就近原则，左侧抓取的发束应和发辫左股合并，右侧同理。

加股辫——基本手法运用解疑

Q: 怎样可以让编好的加股辫显得蓬松立体一些？

A: 我们可以通过拉松每股发束来调整发辫的蓬松度。诀窍是要拉松位于发辫左右两侧的发束，而不要触动中间的发束，否则会破坏整体发辫的造型。

Step1: 拉松发辫前需确认辫尾已被妥善绑紧，否则容易在拉松时将头发不慎拽出。

Step2: 要从辫尾往发根方向，逐片拉松，只能拉松位于多股辫左右两侧的发辫，不能拉扯中间。

Step3: 靠近头顶位置的发束要慢慢拉高，拉高一点点，确认之后再重复第二次，拉扯太多的头发不容易重新塞回发辫中。

Q: 逆向编加股辫时如何操作？

A: 当我们需要朝上编加股辫时，虽然手法和朝下的相同，但还是有许多关键点需要格外留心。

Step1: 要确保将头发往上梳，发根碎毛和岔发太多的话需用到发蜡抚平。

Step2: 编加股辫时，两只手都需要抬到比较高的高度，拉紧发根，谨记要贴着头皮来编辫。

Step3: 由于逆向发辫最终要放下来贴着头部，所以编的时候需略紧，等发辫放下来时松紧度才会变得刚刚好。

Q: 发量稀少的刘海也能用加股辫的技巧造型吗？

A: 如果从加蓬头发的出发点判断，加股辫比三股辫更具效果。三股辫会让头发变得紧致故而减少发量，但加股辫反而会令头发看起来多一些。

Step1: 用刘海编加股辫时，一定要将头发拉高再编，切忌拉低或者贴着头皮编。

Step2: 将头发分股分得更细一些，手掌里抹一点发蜡，增加发尾的黏性，减少岔发的现象。

Step3: 由于刘海通常是参差不齐的，因此要将发辫的发尾绕到后面，藏进周边头发的发根里。

全员集齐展示！这些发型都是通过加股辫技巧达成的！

无论是邻家路线还是名媛风格，加股辫都可以轻松实现。
加股辫毋庸置疑是所有美发技巧中最值得炫技的一种！
无论在局部抑或是整体采纳加股辫的元素，都能令发型拥有抓住旁人视线的超神奇能力！

Style1 兔耳朵 × 加股辫盘花造型

Style2 兔耳朵 × 逆向加股辫造型

▲加股发辫盘起来竟然就是活灵活现的玫瑰花，点睛之笔让发型跃然生色。

▲蓬松立体的逆向加股辫临摹了古董画中北欧少女的恬静美感。

Back Side

Back Side

Style1 打造技巧：
　　先将头顶和刘海的头发梳在一起，编成一条微微向右的加股辫，发辫逆时针盘成圆形小发髻固定在左侧额角。剩余的头发拢至右肩，往外翻卷成圆筒，用夹子固定，最后戴上兔耳朵发带即可。

Style2 打造技巧：
　　从右侧太阳穴的头发开始，尽量抓取较多的发量向左侧编加股辫。兔耳朵发带从两耳后侧经过向上系紧，正好压在发辫的中线靠后位置，令发辫始终保持在中间位置即可。

Style3 兔耳朵 × 加股辫高马尾造型

▲加股辫增加了马尾的看点，甜美和帅气融合得恰到好处。

Style4 兔耳朵 × 斜向加股辫刘海造型

▲把倾斜、加宽的加股辫当刘海使用，奠定了华丽甜美的基调。

Back

Side

Back

Side

Style3 打造技巧：

将左耳耳垂和头顶中点连成一条线，这条线往前的所有头发编一条加股辫。剩余头发按照寻常绑马尾的方法绑高，再将做好的加股辫按照逆时针的方向绕在马尾底部即可。

Style4 打造技巧：

将左右两边额角在头背后连一直线，分上下两区。将两部分头发分别编出加股辫，头顶的加股辫需挨着眉毛上沿完成，系上兔耳朵后将辫尾藏进发带中即可。

拧转

简易手法赋予发型层次变化

拧转是一种让直发也能产生弧纹的实用技巧，同时也是打造盘发常用的基本技巧。头发经过拧转处理后不仅拥有漂亮的弧度，还能增大体积感、缩短长度，令盘发拥有更多细节和表现形式。

基础手法接力教程

Step1: 先将用于拧转的头发片选出来，最好选择竖向长方形的发片。

Step2: 为了避免拧转时发根松开，可用少许发蜡涂抹表面，减少毛躁的碎发。

Step3: 两只手配合，将发束按顺时针的方向往后拧，同时令发根紧绷。

Step4: 用手指先按住拧转处，然后用夹子从上往下加以固定。

Step5: 固定时最好找到发量较厚的地方，便于夹子夹稳。

Step6: 要进行第二次拧转时，可在第一条发束下方选取，注意发量均等，才能达到平衡的效果。

拧转技巧的关键

Point1: 要注意碎发的收拢则

发质不健康、头发长度参差不齐者，容易在拧转时暴露缺点，可以使用滋润型较强的润发乳或者发蜡，使头发紧致光滑不毛糙。

Point2: 拧转的方向

先想好夹子最终固定的位置再拧转，这样才会让拧转形成的弧线纹路更加匀称，不会出现歪扭、粗细不均匀的现象。

Point3: 把控拧转的松紧度

拧转发束的松紧度决定造型的完美度，发束如果拧转过紧会令发根露出，拧转过松则起不到收拢的效果，导致发型整体下垂。因此要注意把控拧转的松紧度，如果有多股头发需要拧转，也必须让松紧度统一。

拧转——基本手法运用解疑

Q： **如何借助拧转手法让两鬓的发量蓬松一些？**

A： 两鬓的发量厚一些就可以实现瘦脸效果，如果发质稀疏可以用硬度较高的发蜡加强发根支撑力，拧转再往前推，继而让发量变得饱满蓬松。

Step1: 一定要用密齿梳把将要拧转的发束表面梳顺，最大程度避免凌乱和岔发。

Step2: 选择硬度较高的发蜡帮助发根定型，发量稀疏者不要用水状的喷雾，避免发丝打绺。

Step3: 蘸取少量发蜡均匀涂抹头发表面，接下来再拧转头发，即可令头发根部蓬度增强。

Q： **如何在刘海上运用拧转技巧？**

A： 通过拧转能够做出复古风格的内卷刘海，并且可任意定位在你想要的地方。刘海拧转的技巧要领和其他地方大同小异，唯一的区别是取出头发这个步骤。

Step1: 用刘海做拧转技巧时，头发需要由后往前梳，宽度可略宽，发量可薄一些。

Step2: 拧转时需要向内拧转，拧转的高度不要太高，最好在靠近太阳穴的位置。

Step3: 在你想要的固定位置按住拧转处，用发夹从拧转处插入即可。

Q： **如何通过拧转技巧增加头顶的发量？**

A： 在不使用任何定型产品的前提下，拧转可显著增加头顶的发量。只需要将顶区发从中间分为两份，分别向内拧转即可以实现加蓬的效果。

Step1: 拧转顶区头发时，一定要向中间拧转，令本来向下覆盖的头发上翻，才能做到蓬松的效果。

Step2: 夹子要固定在拧转最容易松开的地方，将拧转处和底下头发的发根固定在一起。

Step3: 先推高拧转处，让头发立起来再夹，可以获得比较理想的加蓬效果。

全员集齐展示！这些发型都是通过拧转技巧达成的！

再复杂的发型，只要让发束转动起来就能实现！
拧转技巧是最不挑发质发况的一种技巧。
它不仅能最大程度展现发丝的光泽，还能让头发实现媲美卷发的唯美效果。

Style1 兔耳朵 × 四束拧转造型

▲拧转产生的立体效果替代了把头发直接往后梳的紧绷感，同样都是露出正脸却比直接向后梳更加巧妙。

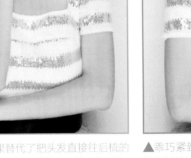

Back　　*Side*

Style1 打造技巧：
　　将两耳顶点、头顶最高点这三点连成一线，再将此线前半区头发分为四等份。每份头发分别向内拧转令发根变蓬后固定。兔耳朵发带由下往上盖住夹子固定处即可。

Style2 兔耳朵 × 拧转盘发造型

▲乖巧紧致的短盘发使用的是初学者也能轻易掌握的拧转技巧。

Back　　*Side*

Style2 打造技巧：
　　从左耳上方开始将头发按顺时针方向拧转，向右侧移动时不断加入新的发束，慢慢汇集成大的拧转发束。直到行进至右耳后时，可顺势将发尾盘近发束内，固定即可。

Style3　兔耳朵 × 刘海拧转造型　　## Style4　兔耳朵 × 局部拧转造型

▲造型复古的刘海拓宽了卷发的"戏路"，令整体造型增色不少。　　▲在发带后侧和我们捉迷藏的拧转发髻，凭借独特的个性味道吸引眼球。

Back　　Side　　Back　　Side

Style3 打造技巧：

　　将顶区的头发和刘海一并往前梳整，用发蜡轻抚表面，并在右侧太阳穴的位置向内拧转3~4圈，待刘海表面微微隆起后固定拧转处。兔耳朵发带系的时候需盖好刘海的发根。

Style4 打造技巧：

　　先在左右耳的周围挑出一部分的鬓角发，将兔耳朵发带由后往前额系。在发带的右前侧随意抓取一些发量，用发蜡抓高并按逆时针方向拧转5~6圈，发束拧转回缩后即可形成一个小发髻，固定一下即可。

打造慵懒松散的自然风格

交叉

交叉可以塑造媲美多股辫的绞股效果，所形成的纹路比多股编更低调、简约。如果说多股辫散发的是一种华丽、严谨、规则的美感，那么交叉的美则来自于随性、慵懒和漫不经心。

基础手法接力教程

Step1: 把将要做交叉技巧的头发一分为二，两份的发量尽可能均等。

Step2: 靠近脸侧、想要突出瘦脸效果的话，第一次交叉一定是后侧的头发往前叠加。

Step3: 两股发束需要较紧凑地相绞，交叉的同时一定要稍稍拉紧发根，才能确保每一股均匀紧致。

Step4: 交叉完成后可一手抓住发尾，一手调整绞股的密度，这样做可微调整条绞股辫的匀称性。

Step5: 当你需要做下一步的造型时，可以像三股辫一样将外侧的头发稍稍拉松，让发量变得更多。

Step6: 然后固定在你想要的地方，继续完成你想要的发型。

交叉技巧的关键

Point1: 交叉的松紧度

一般情况下，头发经过分区交叉后形成的发量会比直发状态下看起来更多，除非交叉的时候用力过度，把头发拧在一起，效果就会大打折扣。

Point2: 交叉的密度

发量稀疏的情况下，交叉不要过密，每次交叉的间隔距离可以拉大一些，避免交叉把发量"吃"进去。相反的，发量丰盈的情况下，交叉间距小能打造比较突出的效果，效果也比大间距的交叉华丽一些。

Point3: 发丝咬合度

交叉的发丝咬合度不如三股辫和多股辫强，因此发质细软、过于顺滑者会出现易滑落的现象。为了避免这种状况，可以将头发稍微打毛或使用具有黏性的发蜡，增加发丝之间的摩擦力，减少头发滑落。

交叉——基本手法运用解疑

Q: 编辫有加股技巧,交叉也有 "豪华升级版" 加股技巧吗?

A: 交叉也可以加股,连续性抓取新发束形成的交叉,能打造媲美多股辫的华丽效果,而且技巧比编辫更容易掌握。

Step1: 分成两份发束后第一次交叉,交叉一次即可抓取新的发束加进去。

Step2: 新加的发束必须每次都加进交叉后位置靠下、并且发量较少的那一束中。

Step3: 按照 "每交叉一次必抓取新的发束加入" 的法则,等距完成加股的交叉技巧。

Q: 有没有简单快速做丸子头的方法?

A: 交叉是丸子头造型的实现技巧之一,我们只需要先做好一个基本的马尾,交叉技巧过后就能迎来别致可爱的丸子头发型。

Step1: 先在头顶最高点的下方绑一个基本款马尾,用手抓出两等份备用。

Step2: 利用交叉技巧不断地将两把发束交缠在一起,形成一条较粗的绞股发辫。

Step3: 以马尾的捆绑处为中点,顺时针绕一圈,将发尾塞回马尾底部,用夹子固定即可成型。

Q: 交叉技巧也可以用在刘海上吗?

A: 交叉可以让刘海变得别出心裁,而且能最大程度减少定型产品的使用。从直观上看,交叉也比编辫少了刻意感,适合休闲造型。

Step1: 把额角的头发也利用进来,和刘海分为两等份,两份互相交叉,后侧的发束要绕进底下。

Step2: 全部头发绞股成一条均匀的发辫,辫尾用皮筋绑紧,避免松散。

Step3: 稍稍往前推,令第一次交叉的地方隆起,顺势将发辫往后夹,藏进头发的里层。

全员集齐展示！这些发型都是通过交叉技巧达成的！

手笨零基础？交叉技巧是菜鸟必学的发型驾驭术！
交叉技巧看似简单，却能塑造简约大方的纹路。
发质稀疏、过于服帖者，可以通过交叉技巧令头发变得蓬松立体。

Style1 兔耳朵 × 交叉半盘发造型　　**Style2** 兔耳朵 × 交叉刘海造型

▲交叉技巧将发量集于一处，让最美丽的卷度都呈现在最易观察到的角度。

▲看似简单却蕴含别致心思的刘海适合不喜张扬的低调美人。

Style1 打造技巧：
　　将头发竖向分为三等份，上、中区分别利用交叉技巧做出两条发束，将带有微卷的发尾一致摆向右肩。剩余的头发自由披散，系上兔耳朵发带后自然地搭在右肩。

Style2 打造技巧：
　　将刘海和顶区的头发合并，分为两份后交叉形成一条绞股发辫。经过两耳后区系上兔耳朵发带，之前做好的绞股发辫可以绕进发带的侧面，最后用夹子固定好。

Style3　兔耳朵 × 交叉发髻造型　　Style4　兔耳朵 × 交叉盘发造型

▲一款精致的绑发，即可体验小股交叉和大股交叉共同协作的绝妙用处。

▲同样都是交叉技巧打造的发辫，使用位置不同，效果也各具新意。

Back　　Side

Back　　Side

Style3 打造技巧：

　　以两侧太阳穴平行线为界，将头发分为两份，上半区再分出左右两等份，分别向内拧转后固定在中轴线上。上半区剩下的发尾和下半区合并，分为两股交叉，交叉至发尾后顺势向上收成发髻即可。

Style4 打造技巧：

　　把全部头发向左耳后侧梳整，分为两份交叉至发尾用皮筋绑好。整条交叉发辫绕脸的外围半圈，发尾固定在右耳后侧。最后系上兔耳朵发带后，利用其遮盖夹子即可。

撕拉

打造任意蓬松造型的秘密手法

撕拉可以让头发变得疏松、具有空气感，对丸子头、发髻、莫西干头这些注重体积感和蓬松度的发型而言，撕拉是令其快速成型的必用技巧。对于发量稀疏的人而言，撕拉、打毛和搓发是必学的三种增量技巧。

基础手法接力教程

Step1: 先将要撕拉的头发底部固定，用皮筋绑成基本的马尾。

Step2: 将头发立起来，两手始终抓住发尾，把头发从中间撕开抓成两份。

Step3: 接着把两份头发前后交叠在一起，合并成一股，从中间再次撕开变成两份。

Step4: 撕开头发时要慢，尽量拉到底部，头发交错后就能形成更强的蓬松感。

Step5: 按照撕开—交叠—再撕开—再交叠的方式，根据头发长度撕拉数次，头发就会充满空气感了。

Step6: 要做丸子头或者发髻时，只需要将头发绕圈盘一下，即可形成立体有蓬松度的造型。

撕拉技巧的关键要素

Point1: 撕拉技巧成功的基本要求

撕拉技巧对于长度一致的头发状况效果最好，相反，头发长度不一的话，过短的那部分头发可能在交叠和撕拉的过程松开，头发就会变得非常毛躁。

Point2: 撕开的对等原则

头发每交叠一次再撕开都尽量要对半分，这样做可以让同一片头发被拆分数次，就能产生堆叠且略凌乱的效果。如果做不到对半分，会有一部分头发仍属于直发的状况，影响整体效果。

Point3: 撕拉的深度

每次撕拉都要尽量拉到底部，到不能再拉开为止。当然随着撕拉的次数越多，再撕开的难度就会更大，这时需要动作慢一些，撕拉深度越深，头发蓬松的形态就会越理想。

撕拉——基本手法运用解疑

Q: 头发太直太顺滑了，撕拉几次还是直的，怎么办？

A: 还记得我们提过"撕拉、打毛和搓发是必学的三种增量技巧"吗？如果撕拉还不能让你的头发乖乖听话，可以穿插另外两种技巧来辅助。

Step1: 头发先来回撕开 1~2 次，如果这时撕拉的效果不太明显，则要考虑采用另一种措施。

Step2: 采用"每次撕开 2 次就用密齿梳向下梳 1 次"的方法，加强头发的堆积，增强凌乱和蓬松的效果。

Step3: 只要在中段稍微逆梳几下再撕拉，头发就会比原先的样子更容易驯服。

Q: 如果想要更蓬松的效果，该怎么做？

A: 在直发的条件下，撕拉增量的效果是有限的。这时如果能将头发预先烫卷，就能获得两倍以上的蓬量效果。

Step1: 先绑好头发再烫卷，如果想要蓬度明显一些，可以选择小直径的卷棒烫卷。

Step2: 烫卷之后的头发在撕拉过程中会很少滑落，等同增加发丝之间的摩擦力。

Step3: 撕拉完成后将卷曲的发尾稍微拧转 1~2 圈再盘，这样可使盘出来的发型流线形更好。

Q: 如何利用撕拉技巧打造花团头？

A: 撕拉可以让头发变得微微凌乱和蓬松，做成丸子头绰绰有余，但要升级为拟态"花朵"的花团头，则还需要一些额外的技巧来帮助。

Step1: 花团头不能太毛躁，因此撕拉前可以在头发上使用少量润发乳。

Step2: 要做花团头，撕拉的次数不能过多，避免头发过于凌乱，一般撕拉 4~5 次即可。

Step3: 盘成圆髻后，需要在各个面向抽出若干宽度约 2 cm 的发束，花团头就做好了。

全员集齐展示！这些发型都是通过撕拉技巧达成的！

撕拉是所有增量技巧中用时最短、最快捷的技巧！
不同的发色和发质可以通过撕拉技巧展现截然不同的柔美度。
如果你一直拿直发没辙，只有用残暴的打毛方式对待，那么试一试更强大的撕拉技巧吧。

Style1 兔耳朵 × 撕拉花团头发型

▲撕拉技巧的运用，令直发也能变成含苞待放的花朵。

Style1 打造技巧：
　　以一个基础马尾作为开始，分两份后撕拉再对折，数次撕拉后直接顺时针盘成高发髻，再从各个面向把数条宽度约2 cm的发束挑出来，扯开一点蓬度即可。

Style2 兔耳朵 × 撕拉侧发髻造型

▲撕拉技巧打造的发髻乱中有序，随意飞扬的碎发是避免造型老成的关键。

Style2 打造技巧：
　　把所有的头发梳至右耳后侧，用皮筋固定。将头发经过数次撕拉后变蓬，按照逆时针方向盘成一个圆发髻。兔耳朵由后往前系紧，手上用少量润发乳在鬓角抓出几条随性的发丝即可。

Style3　兔耳朵 × 撕拉莫西干发型

▲莫西干发型需要的蓬乱效果，只有撕拉技巧打造的最对味。

Back

Side

Style3 打造技巧：
　　用大直径的卷发棒给全头头发的发尾塑造微卷弧度，然后在头顶最高位置的偏右侧绑一个基本马尾。马尾分为两份后经过数次撕拉，让发尾自然垂于右额角。最后用兔耳朵发带点缀在头部较空的左侧即可。

Style4　兔耳朵 × 撕拉前发髻造型

▲针对量少发薄的条件，撕拉技巧仍然能塑造大体积的发髻。

Back

Side

Style4 打造技巧：
　　以两耳耳垂的连接线为界，将上半区头发梳至左耳后侧，绑成基本马尾。经过数次撕拉后，按照顺时针方向盘成圆髻，用夹子别稳。最后利用兔耳朵发带穿过发髻底部，系在相对空白的头部右侧面即可。

打毛

实现体积和发量的加倍变化

打毛是一种适用于发根的蓬发技巧，特别针对发根软塌、头皮易出油的发质。如果你的头发又细又软，可以通过打毛发根，在不改变头发外观的情况下获得改善。

基础手法接力教程

Step1: 打毛前要将覆盖于上方的头发挑开，用尖尾梳划分出薄片，先固定在一边。

Step2: 如果头发十分细软，可以先在距离头皮约 3 cm 的发丝处喷少量的定型喷雾。

Step3: 密齿梳从中段开始逆向往下梳，重复数次，令发根变得蓬松。

Step4: 如果要实现非常蓬松高耸的效果，可以将头发分成 2~3 层进行打毛。

Step5: 把 step1 预留的头发覆盖回去，用梳子轻轻梳顺表面，注意不要碰到打毛过的地方。

Step6: 将最外层的头发顺时针拧转 1~2 圈，再用夹子固定，打毛处就被定型下来了。

打毛技巧的关键

Point1: 梳子的选择

用密齿梳逆梳能获得比较好的打毛效果，而筒梳逆向梳理的话会导致发根打结。

Point2: 打毛的力度

许多人认为需要用力刮蹭发丝才能打毛，实际上用力并快速来回刮蹭的方式非常伤发。打毛时应该用轻一些的力道，速度要慢，已经打毛过的地方不宜多次逆梳。

Point3: 避免凌乱的要诀

打毛应当在头发的里层操作，外层的头发需要如常保持顺直。一些人打毛过的头发显得非常凌乱毛躁，原因是没有预留一层覆盖在表面的头发。

打毛——基本手法运用解疑

Q: 鬓角的头发太贴，如何通过打毛的手法来挽救？

A: 鬓角的头发因为靠近前额和太阳穴汗腺的缘故，发根容易被油脂和汗水湿透造成扁塌。如果你的头皮对蓬蓬粉这类蓬发产品感到敏感，可以适度运用打毛技巧加蓬。

Step1: 先用密齿梳将鬓角的头发梳整成薄片，并提高不小于 45 度的角度。

Step2: 一手抓住发尾，同时梳子移向头发的背面，从中段向发根逆梳 3~4 次，令头发变蓬。

Step3: 头发放下来之后，用密齿梳按照发流走向，稍微梳整一下表面的发丝即可。

Q: 打毛可以和拧转技巧配合吗？

A: 打毛和拧转技巧是一组好搭档，尤其是处理刘海和打造盘发的时候，这组技巧会变得非常管用。打毛增蓬，拧转强化发流，富有立体感的造型易如反掌。

Step1: 先将需要打毛的头发提高，用密齿梳梳顺表面，朝前的发丝不需要打毛。

Step2: 将发尾拉直，梳子需放到头发的背面，逆梳数次令发根变蓬。

Step3: 把头发放下来后，将头发顺时针拧转 1~2 圈，打毛处随即被头发覆盖起来，最后固定即可。

Q: 打毛技巧能用在卷发上吗？

A: 打毛不仅可以用在发根，也可以帮助卷发加强卷度。通过打毛令卷度提升，从而使发尾的卷度更加明显。

Step1: 先用卷发棒重新给发尾上卷，如果要用到打毛技巧的话，卷度不需要烫得十分明显。

Step2: 抓住每一束发束的发尾，梳子接触发卷的底部慢慢向上推，所有的卷度都用此法处理。

Step3: 发尾打毛之后，用定型喷雾固定，头发的卷度就可以长时间保持了。

全员集齐展示！这些发型都是通过打毛技巧达成的！

适度打毛可以增加头发的轻柔度，从内塑造头发的蓬度！
打毛技巧不仅可以用在发根，发尾和刘海也是它的施展之处！
如果你不喜欢造型产品黏糊糊的感觉，打毛会让发丝完全没有黏腻的烦恼。

Style1　兔耳朵 × 发尾打毛造型

▲打毛技巧可以令发尾卷度进一步变得松散，像注入空气一般。

Back　　*Side*

Style1 打造技巧：

　　先把刘海和少许鬓角发预留出来，兔耳朵从两耳后侧经过向上系牢。耳后的头发随意划分成3~4份，每份发尾用大号卷发棒内卷2~3圈，再用密齿梳逆梳发尾，将卷度向上推即可。

Style2　兔耳朵 × 刘海打毛造型

▲大片斜刘海易服帖出油，先使用打毛技巧可以确保万无一失。

Back　　*Side*

Style2 打造技巧：

　　将顶区靠前的一部分头发和刘海向左梳齐备用，兔耳朵带从两耳后侧经过向上系牢。耳后的头发全部绑成一个低马尾，自然垂坠在左肩。将刘海整片揭起，用密齿梳打毛内侧即完成。

Style3　兔耳朵 × 顶区发包打毛造型

▲高耸的空气发包突出了小巧精致的脸型，连同气质也能一并提升。

Back

Side

Style3 打造技巧:

　　先将顶区的头发向上梳顺，从内侧打毛令其蓬松，覆盖下来后按顺时针方向拧转1~2圈固定。剩余的头发从中段开始拧转2~3圈，用夹子将拧转处固定在发包下面，让发尾从中间分开、自然垂散。

Style4　兔耳朵 × 后翻刘海打毛造型

▲外翻刘海从比例入手，重塑造型，瞬间优化五官比例。

Back　　Side

Style4 打造技巧:

　　将前额中间的头发预留出来，密齿梳从背面打毛，逆时针拧转1~2圈后固定在头顶。从左右鬓角分别抓适量头发，分别向内拧转2~3圈，把两侧拧转处合并固定。兔耳朵发带系在两耳后侧即可。

让头发卷度维持更久的美型秘诀

搓发可以令发尾互相产生摩擦，从而加强咬合力，让卷度更加明显。搓发必须配合具有黏性的造型产品才能起效，在发尾分叉干枯、不适合打毛的情况下，搓发也能帮助其恢复蓬松。

基础手法接力教程

Step1: 先将头发分为若干薄片，用中号卷发棒内卷 2~3 圈上卷，让发尾拥有柔和的卷度。

Step2: 用密齿筒梳把卷度从内侧梳开，让卷度变得蓬松一些。

Step3: 用指腹取少量哑光效果的造型发蜡，在双手指腹中匀开，直到看不到白色的蜡状。

Step4: 双手指腹互相将发蜡搓均匀，注意不要让发蜡碰到掌心。

Step5: 双手呈爪状将整团发尾托起，五指抓拢并慢慢揉开，主要搓发尾，不要搓到发丝中段。

Step6: 完成之后卷度被充分揉开，头发疏密有致，既不会过于蓬松，也不会打绺。

搓发技巧的关键

Point1: 集中搓发比分散搓发效果更好

搓发必须集中较多的发量，才能塑造饱满蓬松的效果，因此不要分散搓发，发量适中的话整头头发可分 2~3 把搓发即可。

Point2: 掌控发蜡的用量

发蜡用量过多，发丝会过湿打绺，因此必须控制好用量。指腹黏而不腻的程度较适合搓发，搓发时确保发蜡被均匀推开，不要反复搓揉同一处地方。

Point3: 搓发的技术要领

当发尾握在掌心时，需要大拇指不断地将卷度向外推开。千万不要把发尾抓在掌心中来回乱揉，这样做只会令头发更加凌乱。

搓发——基本手法运用解疑

Q: 烫发太久，卷度已经变直了怎么办？

A: 针对卷度已经毫不起眼的情况，搓发可以马上恢复卷度，并且比打毛更适合干燥的发质。

Step1: 恢复卷度之前，需要用密齿梳把头发梳通，否则搓发会加剧凌乱程度。

Step2: 把头发分为两把，用双手包覆发尾均匀揉搓，搓发同时将头发向上抬，达到推高卷度的效果。

Step3: 如果搓发未能明显地加强卷度，可以用打毛的方法再处理一遍。

Q: 搓发技巧能驯服不听话的刘海吗？

A: 刘海发尾左右交叉、凌乱是常见的棘手难题，利用搓发技巧稍稍整理一下，就能打造听话柔顺的刘海。

Step1: 先用密齿梳将刘海梳顺，发丝通顺再搓发，效果会更加明显。

Step2: 用食指和拇指蘸取少量发蜡，轻捏发尾，同时往你希望刘海摆放的方向揉搓，将发尾方向统一。

Step3: 凌乱的鬓角发也可以用揉搓技巧来改善，同样是往你设定的方向轻轻推。

Q: 卷发马尾很容易变直，该怎么办？

A: 由于马尾的根部是扎牢的，因此即使是卷发也容易慢慢变直。在绑完马尾后用发蜡揉搓有卷度的地方，可以令卷度更加持久。

Step1: 绑好马尾后用，卷发棒从侧面将头发卷烫，尤其是发尾的部分要加强卷度。

Step2: 在双手指腹用少量发蜡，把马尾提高之后充分揉搓，让马尾的蓬度增强。

Step3: 经过搓发技巧打理的马尾比未打理时更加蓬松饱满，而且卷度舒散充满空气感。

全员集齐展示！这些发型都是通过搓发技巧达成的！

搓发虽然不属于高难度的整发技巧，却能令头发不动声色地产生惊喜变化。
如果你喜欢舒散轻柔的卷度，搓发可以满足你的要求！
无论是刘海还是发端，搓发都能施展神奇的造型魔法。

Style1　兔耳朵 × 发尾搓发造型

▲卷度轻柔的及肩发，可依靠搓发技巧每日实现柔美造型。

Back　Side

Style1 打造技巧：
　　先将及肩发分为5等份，分别用大直径卷发棒内卷2圈。用密齿梳将发卷稍稍梳开后，双手取发蜡揉搓发尾，卷度横向打开后系上兔耳朵发带即可。

Style2　兔耳朵 × 局部搓发造型

▲造型复古的半扎发，因为发尾的卷度而充满柔和情调。

Back　Side

Style2 打造技巧：
　　在两侧鬓角处各抓取适量头发，分别提拉到头顶的高度，向内拧转2圈后推高固定。兔耳朵发带要从拧转形成的中空位置穿过，系在头顶中间。最后用发蜡揉搓披肩的发尾即可。

Style3　兔耳朵 × 搓发花团头造型　　　## Style4　兔耳朵 × 侧马尾搓发造型

▲Oversize 的花团头以空气感取胜，完美配合服装的清新色调。

▲厚度和弧度俱佳的侧马尾令脸型显得立体小巧，随性的卷度没有一丝刻意。

Back　　**Side**　　　**Back**　　**Side**

Style3 打造技巧：

先在左右鬓角处预留一小撮长发，用卷发棒烫出微卷。剩余的头发绑成高马尾，烫卷之后用发蜡充分揉搓，然后再将发尾悉数藏入底部。最后使用兔耳朵发带由后往前绑，压住刘海根部即可。

Style4 打造技巧：

将全部头发梳至头部背面的右上方，先绑一个马尾。用卷发棒内卷 3~4 圈，再用发蜡将卷度充分揉开，等卷度变丰盈之后，沿着脸的外围系好兔耳朵，点缀在马尾前方即可。

让刘海找到复古味道的秘诀

内卷技巧可以让发丝产生筒状造型，无论是用作刘海还是组成发髻，都是复古风格的必备要素。内卷技巧需要卷发棒、发蜡和发夹三种工具进行配合，还需用到卷烫和打毛这两种技巧。

基础手法接力教程

Step1: 首先将需要内卷的头发用梳子梳顺，梳整成薄片的样子准备好。

Step2: 直发不容易卷成完美的筒状，因此最好用卷发棒内卷 2~3 圈烫卷，简化操作难度。

Step3: 为了加强发丝之间的黏着力，可以在发尾位置涂抹少量发蜡。

Step4: 将发束拉高，用密齿梳从内侧打毛增加蓬度，加强对发筒的支撑力。

Step5: 用两只手指夹住发尾，另一手顺势将发尾往内收，借助先前涂抹发蜡产生的黏性，能轻易卷成筒状。

Step6: 卷成筒状后的头发要向头皮靠近，用发夹从发筒的两侧固定即可。

内卷技巧的关键

Point1: 选取头发的要诀

要成功实现内卷造型，所选发量不宜太厚，最好是薄片的样子，便于逐步内卷聚拢。发量过厚所卷成的内卷不容易固定，发量过少则内卷中空，造型不美观。

Point2: 发尾的黏性

发尾需要带一点黏性才能被轻松塑造成内卷，因此可使用发蜡或者发泥，令发尾在内卷同时可以向上粘附，加上夹子的固定，就不会发生脱落的现象了。

Point3: 发卷的直径

大直径的内卷造型复古成熟，小直径的内卷造型可爱俏皮。尤其是需要塑造多个内卷时，一定要先利用卷发棒烫出和直径符合的卷度，这样比起随意内卷的做法更容易做出大小一致的效果。

内卷——基本手法运用解疑

Q: 刘海的复古内卷造型该如何操作？

A: 内卷是塑造复古刘海常常被用到的一种技巧，卷的圈数不需要太多，关键在于对内卷直径大小的把握。

Step1: 先确定刘海的方向，往这个方向梳顺发丝并用手指夹成薄片，拉直备用。

Step2: 两只手指夹住刘海发尾，另一只手顺势将发尾卷入内侧，内卷1圈半~2圈可停下确定位置。

Step3: 夹住刘海的手指不要离开，用2~4枚夹子从发卷两侧插入，和内侧发根固定在一起即可。

Q: 如何利用内卷手法将长发轻松收短？

A: 编辫内收、内卷内收是长发收短常用的两种实现技巧，如果你的头发长度比较均等，没有长短不一的现象，比起编辫而言，内卷收短更节约时间。

Step1: 先把全头头发在颈部后侧扎成一个马尾辫，绑得松一些便于接下来内卷。

Step2: 两只手指捏住发尾，另一只手顺势将发尾往里收，向上内卷直到马尾的捆绑处也被旋进内侧。

Step3: 头发悉数卷进内侧后，两只手指紧捏发筒，用夹子从内侧把发筒和发根固定在一起。

Q: 多个内卷造型的盘发怎么分步实现？

A: 多个小内卷组合在一起就能实现一款乖巧的短盘发。只需要将头发正确分区，再逐个变成内卷，用夹子串联之后就能轻松达成。

Step1: 全头头发梳顺之后，将它们横向分为六等份，分别用夹子隔开备用。

Step2: 每一份发束都采用内卷的技巧卷成筒状，夹在与耳垂水平的位置上。

Step3: 等六个内卷完成之后，最后用数枚夹子把发筒连接在一起，即可形成盘发造型。

全员集齐展示！这些发型都是通过内卷技巧达成的！

内卷的多变性注定了它不仅仅局限在复古的领域！
无论是短发、中发还是长发，内卷造型的点缀都能让可爱的感觉一再升温。
如果你还没想好发尾的造型怎么弄，请体验内卷技巧带来的神奇变化吧！

Style1　兔耳朵 × 内卷短盘发造型

▲谁说短发和可爱完全绝缘！内卷技巧首先推翻这个论断。

Back　　Side

Style1 打造技巧：
　　将全头头发梳顺，横向分为四等份，用夹子分别隔开。每份发束都内卷形成发筒，并列在耳垂水平线的下方。最后将兔耳朵发带由下往上系，遮盖夹子的同时加强发筒的牢固程度。

Style2　兔耳朵 × 内卷及肩中发造型

▲轻盈的内卷发尾，将甜美气质演绎得入木三分。

Back　　Side

Style2 打造技巧：
　　在头部后侧以不明显的分界将头发分为左右两区，两区都分别从发尾开始向上内卷两圈，令发筒刚好靠在肩线上。用夹子固定发卷，喷适量定型喷雾锁定筒状造型即可。

Style3 兔耳朵 × 内卷刘海造型

▲复古的内卷刘海能最大程度展现发质的丝绒光泽。

Style4 兔耳朵 × 内卷侧发髻造型

▲大直径内卷发髻，以适度夸张感演绎左岸名媛风格。

Back

Side

Back

Side

Style3 打造技巧：

　　从顶区头发中抓取一部分靠前的头发，和刘海合并在一起向左梳顺。利用内卷技巧卷成小筒状，并且移至左额眉毛上方。用夹子从发筒靠近太阳穴的位置插入固定。其余头发随后整烫成大卷，兔耳朵发带由下往上系，挡住刘海发根即可。

Style4 打造技巧：

　　手中取适量发蜡，从右额附近的头发抓起，将全部头发往左耳后侧调整。再取适量发蜡将发尾拧转1圈后向内卷，最后做成一个大直径的内卷发髻，用夹子固定在左耳下方。

CHAPTER 2
万用发带

认识头部造型神器兔耳朵

发卡？头花？头箍？你的发型百宝箱中竟然缺了兔耳朵？！很遗憾，你已经错过了史上最强大的变发利器！风格多变的外表、游"韧"有余的内在、加上"能屈能伸"的全能个性，兔耳朵发带的变发技能绝对让你心服口服！

大方散落的侧分绑发，让男生感受你的明朗气质。

场合运用

BACK

利用最基础的两股辫来盘出花样，令后脑勺立刻饱满起来，更增添了丰盈的造型感。

甜蜜约会，
利用兔耳朵发带打造甜美造型

不要以为兔耳朵只是小女生卖萌的专利，熟女也可以利用可爱的兔耳朵发带来展现气质的一面。甜美乖巧的装扮最能俘虏男生的心，平时总是知性干练的装扮不如在约会时向他展示你俏皮活泼的一面，好好利用兔耳朵发带来打造甜美的造型，让他对你一见倾心。

场合发型步步为营
Step by step

1 用大于 28 mm 的卷发棒依次对发尾进行向内曲卷。

2 从一侧耳朵上方抽取两束头发，拉向后编双股辫。

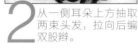

3 一边编发一边从底部头发中抽取发束加入，编至发尾用发夹固定。

4 将编好的双股辫在另一侧耳后方盘出一个花状的造型，用发夹固定。

5 选择一条合适的兔耳朵发带，从头发底部绕至头顶，在侧面合并。

6 发带交叉拧转后，捏住发带两端向外拉扯并压低，打出一个蝴蝶结。

约会打造甜美发型的重点 Tips

要给人轻松愉悦的约会氛围，亲切感和甜美笑容最适合，侧编发或者浪漫的大波浪卷发最能让男生怦然心动。过于成熟知性的发型不适合出现在约会场合，它会给对方带来一种无法深入认识的正式感。高耸刘海发型也会让男生觉得你难以接近，过强的气场在无形中给他们带来压力。

FINISH

将向上翘起的兔耳朵向两边打开压低后，立刻变成蝴蝶结，和散落的大卷发共同衬托出甜美的气质。

毫不遮掩的自信神情，全靠光洁利落的发型成全。

BACK

利落发型的背面藏了一个精致的蝎子辫，突出细腻细节。

职场丽人，
使用兔耳朵发带提升干练气场

职场发型以造型简洁和突出自信气质为首要原则，一定要避免拖泥带水和画蛇添足。露出前额的盘发搭配与套装同一色系的发带，可以让拘谨的格子间里焕发一股清新之风。

1 将顶区的头发往后梳，依照中轴线向下编加股的三股辫。

2 编到发尾结束，为了方便编发可以拉到前面，发尾用胶圈绑好。

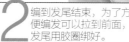
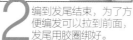

3 辫尾内卷，并且慢慢绕进发根的内部，将辫尾完全藏好，然后用夹子固定。

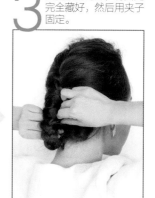

4 令盘发的末端位置居中，将碎发也一并用夹子收进盘发底座内。

5 前额上区的头发向后抓顺，借助定型喷雾定型。

6 兔耳朵发带穿过盘发底部，需压住前额上翻的刘海，在右额角打结即可。

FINISH

上班打造自信发型的重点 Tips

由于上班的时间较久，通常都会超过8小时，不建议选择需要靠造型产品维持卷度和立体度的发型，一来持久度可能不太理想，二来过香的香气也会令他人不悦。建议通过盘发这类技巧梳一个简单大方的发型。

清爽利落的鬓间，洒落的是职场女神的从容和自信。

随性之余带有一点搞怪的前额造型，令全身装扮进发活力。

BACK

肩下略微卷度的弧度，令长发不再乏味。

闺蜜下午茶，
借助兔耳朵发带俏皮赴会

闺蜜聚会大可施展造型功力，完全不必担心张扬过火。用随性挽就的前额发髻突出杂志封面级的俏皮风格，发尾做出卷度锁定甜美基调。和闺蜜一起享受自拍，少不了存在感超强的兔耳朵发饰。

1 选择直径 28 mm 以上的卷发棒，平拿卷发棒内卷全头发尾，上卷高度与肩齐平。

2 抓取前额刘海和顶区的一些头发，向前梳顺，并用少许发蜡顺服表面。

3 捏住发尾将前额发向上后翻，偏向左侧做出一个弧形。

4 取两枚夹子用十字固定法固定发尾。

5 两鬓的头发梳顺后塞到耳后，用发蜡压平，再将兔耳朵发带从耳后往上戴。

6 在前额造型的夹子固定处反向交叉 2~3 次，兔耳朵发带就能固定下来了。

闺蜜聚会打造俏皮发型的重点 Tips

随性、不造作的发型一定会受到朋友的欢迎！如果你的头发发色健康、光泽感好，一定要尝试披散下来的发型，这样比盘起来的发型更能修饰脸部。另外，发尾上卷高度不要太高，避免卷度太高带来的老气感。

FINISH

前额的巧思具有延长脸型的效果，和发带配合打造别致的复古造型。

将精致与内敛结合，
绿丝绒兔耳朵让轻盈精致的盘发加分，丝绒质地的细腻光泽

BACK

由四个小盘发组成的侧面发髻，和兔耳朵遥相呼应，实现完美平衡感

隆重晚宴，
借助兔耳朵发带塑造典雅气质

兔耳朵发带能塑造的风格远比你想象的要多，它能帮你征服各种休闲场合，也能助你完胜正式晚宴。如果你担心雪纺材质太日常随性，选择丝绒质地的兔耳朵能让整体造型的精致度大大提升。

1 将前额的头发中分，每一份再平分两股，用绞股的方式做成两条长辫。

2 长辫拉到后侧面，按照顺时针的方向盘成扁圆髻，用多枚夹子固定。

3 用同样的方法，在头部的左侧分别抓取两把发束盘成圆髻，使圆髻和之前做好的紧靠在一起固定。

4 右侧下方的发束也分成两股绞股成长辫，用同样的方法和其余三个发髻组合。

5 用多枚发夹固定四个小发髻，使它们连成一个整体发髻，位于右后侧下方。

6 在距离耳背约5 cm的地方系上兔耳朵发带，在发髻的斜对面打结即可。

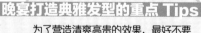
FINISH

晚宴打造典雅发型的重点 Tips

为了营造清爽高贵的效果，最好不要在两鬓留下碎发。为了避免老气感，盘发的高度不宜过高，紧贴脖子的高度最适宜。另外将头发用绞股、编发、盘发的形式呈现，比用大量的发饰会来得更举重若轻。

在后侧面1/3的位置加上兔耳朵，能避免头顶较扁平的缺憾。

发带的作用是立竿见影的，能加高头顶的高度并立即优化脸型。

BACK

卷发就是我们可以约会的时候打造的发型，给男生一个清新的感觉的同时又不失女生的甜美感，能够快速产生好感的发型哦。

发饰替身

利用兔耳朵发带做头箍

发饰无疑是时下时尚舞台上必不可缺的重要元素，本季或宽或窄、或简单或繁复的发带头箍将头顶风采装扮得格外惹人注目。大热的兔耳朵发带独具百变功能，只要善加利用就能将其作为头箍装点着发型，令自己看起来既时尚又娇俏。

灵活运用变身发饰
Step by step

1 卷发棒斜45°放置，将头发分区依次对发尾进行向内曲卷。

2 将额前刘海往后梳，用梳子将耳朵两侧头发预留出来。

3 将兔耳朵发带从头顶绕到耳后，顺势压住隆起的刘海发尾。

4 发带两端在耳朵斜下方交叉拧转并且拉紧。

5 用卷发棒对之前预留出来的两鬓的头发进行曲卷。

6 手指插入卷发中，喷上定型喷雾让头发蓬松有型。

兔耳朵发带的造型秘密

兔耳朵发带当做发箍使用的优势：在后脑勺下方最凹陷的位置打结，可以起到支撑发根的作用。对于头发稀疏的人而言，内有钢丝并具备支撑力的发带确实比一般发带能满足你的"小心机"，使头发从侧面和背后看起来都拥有较多的发量。

FINISH

将刘海往后梳、打造微微隆起的造型，是最能体现脸型的一个做法。发带的装饰令整体造型散发复古温婉的气息。

无论则面还是背面，兔耳朵发带做成的发夹绝不会让头发『垂头丧气』。

BACK

柔韧钢丝合力"抱住"长发、轻巧无痛、让其他发卡都败下阵来。

利用兔耳朵发带做发夹

拥有多少枚发夹才能成全你的百变梦想？一个兔耳朵发带就可以轻松办到。借助强韧钢丝的塑形能力，无论发量多少都能一次"掌握"，并且拥有超久定型力。

1 将全头头发以内卷和外卷交错的形式上卷，上卷高度约在耳垂平行线的位置。

2 左太阳穴位置的头发向右梳，顺时针拧转成股，用夹子固定在右耳后侧。

3 左耳后侧的头发也往右梳，同样也是顺时针拧转成股，加固在 step2 的固定处。

4 将兔耳朵发带在 2/3 的位置对折，压紧钢丝将全部头发在右耳后侧"合抱"在一起。

5 将钢丝多次交叉对折，每次交叉都要压紧钢丝，呈长扁形，将头发悉数夹拢。

6 两端兔耳朵从形成的发圈中穿过即可稳固，整理一下发尾即可。

FINISH

兔耳朵发带做成的扁平长发夹能让发量看起来显得更多。

兔耳朵发带的造型秘密

可随意塑形的钢丝能做成各种长度的扁平发夹，因为有布面包裹，也比寻常发夹不伤头发。反折的圈数越多，"抱力"便越强，支撑力也就更好。如果你的头发属于脆弱发质，害怕使用金属发夹，兔耳朵发带就能派上用场。

兔耳朵发带的存在将发辫和发髻部分完美串联在一起，让发型更具完整性。

BACK

"围起来"的发髻看起来更加精致，不会感到比例失衡。

利用兔耳朵发带做发圈

当我们需要装饰一下发髻时，往往找不到更大的发圈，有了兔耳朵发带就能迎刃而解。将兔耳朵发带绕在盘发的底部，既能起到填补发量不足的作用，也能装饰发髻侧面，将普通发髻的精巧度再次升级。

灵活运用变身发饰
Step by step

1 以两耳最高点为斜切线，将前面的头发分区，中分之后分别编成大小两个三股辫，细发辫在前。

2 四条发辫均在头顶交叉，藏好辫尾，剩余的头发编成一个粗的三股辫。

3 将三股辫按逆时针的方向往上绕，盘成一个扁圆髻，辫尾藏进头发深处，用夹子固定。

4 将过紧的发辫拉松，使发髻的体积增大并且变蓬松，再用多枚夹子加固。

5 兔耳朵发带先从发髻的顶端往下绕一圈，再回到顶端位置打结。

6 调整兔耳朵的位置，使它刚好位于右耳的后侧即可。

兔耳朵发带的造型秘密

兔耳朵发带当做发圈使用的优势：比一般没有任何支撑力的发圈更能"垫高"发型，尤其是在发量多，又打造成低矮发髻的情况下，需要发饰予以支撑。另外，兔耳朵发带的可塑性更强，能根据你接受的张扬度来定"耳朵"长短。

FINISH

兔耳朵悄悄将发髻"垫高"，旁人看不出的小巧思却是发型持久不扁塌的秘密所在。

立体有型的蝴蝶结让前额的发卷显得不那么『孤立』了。

BACK

侧面蝴蝶结的点缀让长卷发多了柔美之感、和正面的感觉又立马旗帜分明起来

利用兔耳朵发带做蝴蝶结

每次要佩戴大号蝴蝶结总是把头发夹得生疼？！发量不够、立不起来的蝴蝶结总是耷拉在一旁？！别担心，兔耳朵发带就能解决你的所有遗憾，还能令"蝴蝶结"飞扬在任何你喜欢的地方。

灵活运用变身发饰
Step by step

1 抓取适量的前额发，用梳子往前梳顺，再用少许发蜡抚平表面。

2 从发尾开始向内卷，慢慢卷成小卷直至前额的发髻线边缘。

3 用两根手指压住发卷，维持卷筒造型，在两端分别用几枚夹子固定夹稳。

4 两边鬓角塞到耳后，再用发蜡向后抚顺，不要留出多余的碎发。

5 兔耳朵发带从全部头发下方穿过，经过两边耳后往上系，在刘海根部交叉。

6 在右上角的位置交叉2次，再将兔耳朵两端的布面撑宽就完成了。

兔耳朵发带的造型秘密

兔耳朵发带尽量不要戴在头部凸起的地方，或者戴在发型高耸位置的同一侧，否则会显得非常奇怪。应尽量戴在发型较空白、头部凹陷的位置，可以弥补缺憾，平衡整体发型。如果脸型比较长，不要让兔耳朵都翘起来，否则也会显得很奇怪。

FINISH

经过整理的光滑鬓角，让发型更显得精致大方。

73

担心兔耳朵发带的造型大张扬，这是一种低调却不失巧妙精致的用法。

BACK

兔耳朵发带的花纹虽然只是若隐若现，但从背面到正面的每个角度都能看见，算得上是一款完成度相当高的发型。

技巧运用

兔耳朵发带和编发的综合运用

兔耳朵发带不仅可以作为外在的装饰，还可以和一些造型技巧进行结合，创造出不一样的用法体验。纤长的兔耳朵发带易于塑形，能与编发盘发进行巧妙搭配，塑造名媛风格的欧式发辫。

循序渐进和技巧结合
Step by step

1 将刘海的头发和头顶的部分发束收起，向后拧转用发夹固定在头顶。

2 头发左上方取一小束发丝，把丝巾绕住发束，打两个单结固定住。

3 在丝巾的两端加上发束，编成三股蜈蚣辫，编的时候要把丝巾一起加入头发中编发辫。

4 辫子从头部左上方一路编往下，一直编到尾端，用黑色橡皮筋固定住。

5 丝巾尾端绕住橡皮筋绑一圈，发尾向上折起，抽出部分发丝缠绕固定即可。

6 用手轻轻梳理头顶头发，喷上定型喷雾，不让头发乱翘即可。

兔耳朵发带用于编发的技巧

发带内有钢丝，因此要先将发带拗出一个倒 V 形更便于编发。头发稀少并且碎发多的情况下，可以利用发带将发辫的体积撑大，发辫空洞处由发带的布面填充，这样就丝毫看不出发量的稀疏状况了。

FINISH

符合夏日情调的印花发带简单绑在发辫上，甜美魅力尽情绽放！

侧面出现的兔耳朵俏皮之余不乏清爽，而侧面定位也是这款发型的诀窍之一。

BACK

盘发以发辫为亮点，位于右侧位置的发辫不需要一枚夹子就能定型。

兔耳朵发带和绞股的综合运用

绞股是长发造型最常用的技巧之一，和编发相比，绞股的要领更加简单，花纹也更加自然。借助兔耳朵发带出色的塑形能力，仅需要掌握绞股技巧就可以轻松打造一款轻盈的盘发。

1 将全部头发梳低，一分为二后，左右股不断交叉，用绞股的方式编成发辫。

2 在距离发尾 10~15 cm 的位置，利用兔耳朵发带靠左的位置打个结，将发辫固定。

3 轻轻拉松发辫的每一股发束，令发辫变得饱满蓬松一些。

4 将兔耳朵发带调整成拱形，像使用发箍一样戴上，发辫即贴合头部。

5 兔耳朵发带从两耳后侧绕过，在左耳下方打结，交叉 2~3 次令钢丝定型。

6 找到 Step2 预留的发尾，轻轻塞进发带里层即可。

兔耳朵发带用于绞股的技巧

绞股的作用是利用两根发束互相交叉形成发辫，对于稀少头发而言，这种手法比编发更节省发量，易于塑造厚实立体的辫子。而兔耳朵发带主要是起支撑和定型的作用，用绑的方式固定有一定重量的发辫，效果比单纯用几枚夹子更加理想。

FINISH

清爽的颈间带来视觉好感，这种利落清凉的发型一定会是夏天的首选。

依据头发所在区域采用的卷烫方法，令条纹兔耳朵发带更具存在感。

BACK

方向和弧度都不尽一致的卷度更适合朝气的女生

兔耳朵发带和卷烫的综合运用

赋予头发最自由的曲线，就能最大限度展现发丝的活力。告别一板一眼、卷度一致的螺旋卷发吧！局部烫发，根据头发所在的区域卷烫，就能炮制出与众不同的卷发造型。

循序渐进和技巧结合
Step by step

1 刘海按 7:3 的比例分界，使用直径 28 mm 以上的卷发棒，将全头头发烫卷，高度需与下巴水平线齐平。

2 以耳廓的前切线为界，将前面的鬓角发和刘海独立分出来，后区用夹子分开。

3 右侧的头发也用同样的方法分区，后区用夹子隔开。

4 分好的刘海用卷发棒平卷 1 圈半，让发尾内卷，塑造微微隆起的感觉。

5 将兔耳朵发带戴在分区线上，要避免压到刘海根部，影响刘海蓬度。

6 用手背将刘海抬起，远距离喷少量定型喷雾固定造型即可。

兔耳朵发带用于卷烫头发的技巧

卷烫过的地方，尽量避免兔耳朵压住发根。戴上兔耳朵后，可以用尖尾梳将兔耳下方的头发逐一挑出。另外，定型喷雾尽量要在戴上发饰后再喷，便于及时调整，做出来的发型比较饱满蓬松。

FINISH

斜线形大片刘海每每都能将脸型完美修饰。

重点在前面的盘发因为兔耳朵发带的修饰变得平衡。

BACK

背面也不失俏皮可爱，让人不禁被前面的造型所吸引。

兔耳朵发带和盘卷的综合运用

要想让普通的盘发更具活力，一定要抓住"年轻守则"！尽量避免体积较大的盘发，多采用盘卷的手法更适合妙龄的你。当然兔耳朵发带也是减龄利器，可以在视觉上避免盘发的老成和刻板感。

循序渐进和技巧结合
Step by step

将前额的头发和刘海梳在一起，用发蜡抚顺后向上盘成一个圆圈造型，用夹子固定。

左耳耳廓斜切线前区的头发全部梳顺，向前拧转，同样也是盘成一个小圆圈，用夹子固定。

右耳耳廓斜切线前区的头发分为两份，较少的预留修饰脸型，较多的编成一条普通的三股辫。

三股辫向上提，绕过头顶，将辫尾藏进 Step2 完成的圆圈发髻底部，用夹子加固。

为了修饰脸型，两鬓的碎发用直径小于 20 mm 的卷发棒烫出微卷。

将兔耳朵发带由下往上系，需遮盖 Step1~3 造型时露出的发根位置，随意打结即可。

兔耳朵发带用于盘卷头发的技巧

对于发根稀疏、发量稀少的人而言，盘发会令分界更加明显，从而曝露头皮。这时兔耳朵发带便有了用武之地，可以将它完美遮盖不慎露出的头皮和发根。另外，盘发需要不少夹子，不能妥善隐藏的夹子部位也可以用兔耳朵发带来修饰。

FINISH

兔耳朵发带将盘发和卷发部分分开，巧妙划分发型的各个亮点。

兔耳朵发带能解决的发型难题 Q&A

马尾绑太紧，头顶变塌了？

Q: 头顶发量少，绑了马尾就显得头型更平了，怎么办？

A: 通过兔耳朵发带弥补头型的不足。

发量不够的人会在绑马尾时遇到捉襟见肘的情况：马尾绑太松没活力，但是发根拉得太紧，以致露出发根和暴露头型的缺点。最好的解决方案是将兔耳朵发带戴在发根暴露的地方，填补刘海后侧的空位，从视觉上占满这一块空缺，达到整体突显头型饱满的效果。

解决头顶扁平的头型问题

YES! 明调色泽的兔耳朵发带给整体造型带来明亮气质。

瞬变指数：★★★★☆

Step1.
发尾烫出卷度，在头顶最高位置偏右侧扎一个基础高马尾，将卷度打蓬。

Step2.
刘海向右梳整，内卷发尾成圆筒状，用两枚夹子从两端固定在前额的右侧。

Step3.
兔耳朵发带朝上绑好，下端卡在后脑勺下方的凹陷处能很好地固定发带。

Step4.
在刘海后侧的发根位置打结，同时遮盖刘海根部的空缺，调整形状即可。

Side

兔耳朵发带将内卷刘海的复古情调和摩登的高马尾衔接在一起，实现风格的统一。

解决鬓角细小绒毛碎发的问题

Q： 鬓角头发毛躁，盘发的时候可以不用发蜡就让它乖乖听话吗？

A： 兔耳朵发带既能装饰，也能化解此类烦恼。

鬓角边的碎发比较细短毛躁，通常要用发蜡来服帖。但是这种方法并不持久，起风天气更是毛躁不堪。利用兔耳朵发带压住鬓角乱翘的碎发，还能产生收窄脸型的效果。在外出旅行不便清洁头发时，兔耳朵发带更是非常便利的发饰之一。

YES! 只加上了一个发饰，竟然能产生令人惊喜的瘦脸效果。 ▼

兔耳朵发带打结位置即便是很低的情况下，依然能使人散发精致高贵的气度。

Side

瞬变指数：★★★★★

Step1.
将全头头发以后侧中轴线为准分为两等份，分别以加股辫的方法编至发尾。

Step2.
发尾内绕，用夹子固定藏进发根，两边同法形成一个紧实的小发髻。

Step3.
将兔耳朵发带的布面展平，绑在距离刘海约5cm的后侧位置，在发髻下方打结固定。

Step4.
调整兔耳朵的形状，使两边可以分别从脖子一侧呈现，完成修饰脸型的作用。

高马尾没有型，发质细软难蓬松？

Q: 头发稀少又细软，绑高马尾总是感觉"站不起来"，怎么办？
A: 头发没型要靠兔耳朵发带"撑腰"。

选择布面宽、钢丝较硬的兔耳朵发带，先在马尾根部缠绕几圈加强支撑力，最后打好的蝴蝶结也可以支撑发丝，膨大体积。兔耳朵发带的加入填补了发量的不足，也能遮盖绑马尾的发圈。

▶ **YES!** 跳跃的色彩鼓动了朝气活泼的气息，让高马尾变得不那么平凡。

瞬变指数：★★★★★

Step1.
　　将刘海和顶区的头发抓高往后梳，顺时针方向拧转后向上顶，用夹子固定成一个立体的发包。

Step2.
　　紧接着固定的位置，将剩余头发绑成一个普通的高马尾，用皮筋固定。

Step3.
　　兔耳朵发带先绕马尾底部2~3圈，利用厚度将马尾顶起，然后在侧面打结。

Step4.
　　马尾分成若干份宽度5cm左右的发束，用直径小于2cm的卷发棒分别卷烫，内外交叉烫卷，塑造绝佳蓬度。

Side

色彩斑斓的兔耳朵发带为高马尾定义起美基调。

改造低马尾带来的头型问题

Q： 低马尾会让头型暴露无遗，头顶和后脑勺扁或凹的头型怎么办？

A： 利用兔耳朵发带撑起前半区，完善头型。

兔耳朵发带从马尾绑好位置的下方往前戴，产生牵引效果，将本来往下坠的头发往上推。这样原本被拉平的头发就会恢复蓬度，全无过于平帖的问题。

YES! 头部后区的弧度也让脸型一再缩小。 ▸

圆弧的脑后造型甜美动人，饱满的头型对脸型的改善作用立竿见影。

Side

瞬变指数：★★★★☆

Step1
预留一些修饰脸型的鬓角发，其余的头发在两耳平行线的后区绑一个低马尾。

Step2
握住马尾捆绑处，另一只手轻提表面的头发，使其饱满蓬松。

Step3
兔耳朵发带从马尾捆绑处的下方穿过，将马尾整体向上牵引，必须让发带接触马尾的底部，产生拉力。

Step4
在前额的发际边缘打结，将两个兔耳朵分别从发带上下位置塞入压平即可。

斜刘海易散乱，不定型不持久？

Q：为什么我的斜刘海总是无法定型，风一吹就散了？

A：偶尔梳斜刘海的话要会帮刘海定型。

不经常梳斜刘海的人发根较硬，突然改变成斜刘海时容易分岔或者走形。兔耳朵发带能起到固定发根的作用，轻压发根令斜刘海保持定型。

▶ **YES!** 有了兔耳朵发带的固定，刘海绝不变形，并且遮盖了表面的毛糙。

瞬变指数：★★★☆☆

Step1:
从头顶的位置取出发量向右侧梳，用密齿梳整理好刘海的表面。

Step2:
抓住刘海的发尾向内拧转1~2圈，拉到耳后位置，用夹子藏进头发的深处。

Step3:
做好后面的发型后，将兔耳朵发带由后往前戴，一则要压住刘海先前藏好的发尾，二则要轻压刘海1/2的位置。

Step4:
在刘海发量最厚的地方打结，松紧要适度，既需轻压刘海，又不能将刘海压得太扁。

Side

取发位置高达头顶的大片斜刘海不易固定，发带从刘海1/2的位置穿过，确保刘海定型。

手笨不会盘头发，新手如何变达人？

Q: 没学过盘发，也没有任何基础，该怎么办？盘发真的能简化吗？

A: 只要你会捏橡皮就可以做到！

在看不到的后脑勺打造圆形发髻，即便是发型达人也不易办到。但是利用兔耳朵发带就变得简易许多：先将头发和发带融为一体，然后利用钢丝的可塑性拗出你要的造型。盘发就像捏橡皮，任意形状随心所欲。

YES! 发带的加入令发髻发量变得饱满。▼

瞬变指数：★★★★★

Back

无论形状和纹路都好看的侧面发髻，
是通过可塑性极强兔耳朵发带办到的。

Step1:
　　找到发带的中点，
将头发在左耳后侧位置
绑成马尾，将马尾和发
带都一分为二后，用绞
股的手法缠绕在一起。

Step2:
　　拉住发尾，轻轻
拉松每一股发束，让
发辫体积变大变蓬松。

Step3:
　　扶好马尾的底部，
利用发带内部钢丝的
可塑性将其慢慢拗成
圆形。

Step4:
　　利用几枚发夹，
将马尾首尾衔接在一
起，形成一个圆形发
髻即可。

侧面发髻太沉，久梳导致"偏头痛"？

兔耳发带"拉一把"，消除头皮拉扯痛感

Q： 每次绑侧面的头发都觉得头皮紧绷酸痛，该怎么办？

A： 借助兔耳朵发带"拉一把"，痛苦减轻100%。

为了让发型更美，有时必须拉紧发根，这也是一部分人感到"偏头痛"的原因。如果你要梳体积较大的侧面发髻，为了减轻侧面头皮的负担，可以利用兔耳朵发带的托力减轻拉扯的痛感。

▶ **YES！** 兔耳朵发带的存在，不仅能让发髻更轻盈，同时可防止发髻下垂。

瞬变指数：★★★★★

Step1
先将发尾不断往上内卷，缩短长度后，用夹子从里面固定发尾。

Step2
选择钢丝较硬的兔耳朵发带，对折，然后将头发向右侧耳后位置拉。

Step3
用绑马尾的形式，将兔耳朵发带在头发上多绕一圈后两耳向上，令发髻固定。

Step4
在发髻斜对面的位置打结，这样才能产生可相互抵消的作用力，分担发髻的重量。

Side

兔耳朵发带就像一根隐形的悬挂线，和头皮一起分担发髻的重量。

挑战盲区！
零失败
背面盘发法

Q： 在完全看不到的背面就不会做发型了，怎么办？

A： 借助发带"捏出"漂亮发髻。

没有镜子也能在背面盘出漂亮的发髻么？有了兔耳朵发带就不难！先将发尾缠绕在兔耳朵发带上，顺势上卷再将钢丝拗成圆形，不需要求助他人，漂亮发髻就是这么简单。

YES! 告别凌乱，不需要镜子也能打造达人级的背面发髻。

立体饱满的发髻让你不必担心脱落和松散的问题。

Side

瞬变指数：★★★★★

Step1:
将全部头发梳拢，兔耳朵发带中间对折，使发带整体缩短 1/3 的长度，然后将发尾绕在发带的中间。

Step2:
双手握住发带的两头，倾斜一定的角度，然后慢慢将头发逐步往上卷。

Step3:
到了你想要的高度后，发带向下交叉扣住发髻，将头发"锁死"。

Step4
向下交叉后再向上交叉一次，发带末端插入发髻底部的头发深处，两边再次交叉扣紧即可。

CHAPTER 3
脸型改造

选择最适合自己的发型

塑造完美发型必须充分了解脸型的优缺点！发型和脸型不匹配，才是最惨烈的时尚败局！无论你是圆脸、长脸还是菱形脸，都可以借助兔耳朵发带扬长避短。超神奇的兔耳朵发带"变脸"技，让你彻底打消微整形的念头。

你的发型真的适合你的脸型吗?

选择发型不能光靠喜欢,还要结合实际。恰当的发型不仅可以修饰脸型,还能让你的五官优点更加突出。然而,你真正了解自己的脸型吗?化妆和发色的选择会改变脸型,你能体会这些微妙变化对发型的影响吗?

圆形脸

脸型特点: 与颧骨水平的外廓连线与前额最高点到下巴的距离大致相等,颊部丰满,上中下庭长度基本一致。

Do: 适合中分以及斜分刘海,长度最好超过颧骨或者与颧骨齐平。所做发型的长度最好比下巴略长,上下都能蓬松立体的发型能拉长圆脸。

Don't: 齐眉短刘海会更突显圆脸。做发型时最好避免直发以及发丝线条太硬朗的造型,在直线的对比下圆脸的缺点会更加突出。

长形脸

脸型特点: 上庭或者下庭比较长,两颊集中,脸型瘦窄。

Do: 适合平刘海以及长度较长的斜分刘海。所做发型的重点部分最好放在与颧骨、太阳穴平行的位置,中下庭的发量最好不要太厚,避免将长形脸拉长。

Don't: 中分长刘海会更加强化脸部的竖向线条,不适合长形脸的人选择。头发过胸并且蓬度积在下方的发型也会令长脸变得更加长。

菱形脸

脸型特点: 脸的上庭和下庭都呈收窄的三角形,太阳穴或者颧骨突出,脸型两头窄中间宽。

Do: 建议在较窄的上庭区和下庭区调配更多的发量,发量不要堆积在较突出的中庭区。另外,还可以借助甜美的卷发弱化菱形脸的尖锐感。

Don't: 不适合长度位于颧骨中庭区的短发,同样也不适合过于服帖和直顺的直发。这两种发型都会加强菱形脸的尖锐线条,让人显得成熟一些。

水滴形脸

脸型特点: 额型圆润,与脸颊过渡自然,从颧骨开始慢慢变窄,下巴尖细,总体像水滴状。

Do: 拥有最佳额型的话最好选择露额发型,可在顶区留神,加高这里的发量和高度,让脸型更加立体纤长。

Don't: 额型圆润的人看起来比较温婉成熟,因此尽量不要尝试从发根就开始的中卷或者小卷卷发,避免年龄显得较大。

方形脸

脸型特点: 左右额角及左右腮角相对较突出,四个角可基本构成四边形。

Do: 建议预留一些可遮挡两个额角和腮角的鬓角发,通过适度卷烫,以柔化刚,减轻脸部的方形轮廓感。

Don't: 把整个脸型完全露出来的高绑发或者直发。方形脸是最需要运用鬓角发和刘海修饰的脸型类型。

做发型时影响脸型的其他因素

做发型虽然是改善脸型的重要环节，但也不能忽视其他因素对脸型的影响。针对一款完整的造型，我们建议先穿好服饰，再完成妆容，最后才打造发型，这样的顺序是最合理、最不易出错的。

为什么做发型要放在最后？

服装的款式设计、妆容以及耳环、项链等配饰都会或多或少地改变脸型，当这些因素已经贡献出 80 分时，接下来的发型塑造环节就会更加轻松，一款简单的发型就足以画龙点睛。因此，最佳的造型方案是——先完成着装和彩妆，发型可以留到最后再做。

能影响脸型的其他因素

上衣：

领口和肩膀的设计能优化脸型，虽然效果不如化妆直接，却也不能忽视。切忌头发和衣领、肩部设计融为一体，如果衣领位置比较高，发型的高度也要相应提高，露出一点脖子更显得明朗活泼。

化妆：

妆容可以在很大程度上修饰脸型，如果你的化妆技术过硬，脸型问题基本都能解决。切忌不要使用了收窄脸型的阴影粉后，再让头发包夹脸型，这样会加重阴郁感，反而更强化缺点。

发色：

深发色并不能收窄脸型，它反而会加重脸部的阴影感，强化脸部的凹凸对比。如果脸型并不理想，建议不要尝试太深的发色。相对浅的发色体现轻盈柔和，对圆脸、长脸以及骨骼明显的脸型，都有优化作用。

发饰：

发饰的位置非常重要，一定要和发型的核心部分呼应取得平衡效果，注重对称性和平衡性。另外，也不要将发饰佩戴在脸部缺点明显的一侧，这样会将他人的眼光往错的地方吸引。

耳饰：

当你选择了一款大轮廓并且重心较高的发型时，最好搭配长坠形耳环加以平衡。相反，如果发型的重心在肩线周围，则不应选择大轮廓、造型突出的耳饰，应该调换成小巧简洁的款式。

项链：

设计元素呈 V 字形散布的项链能产生纤脸的效果，直接垂坠到胸线以下的长链也有同等功效。在脖子根部的圆环项链会缩短颈部、圆润脸部，因此要谨慎选择。

和脸型相关的发型打理误区

相比豪迈的欧洲女生，东方女生总是想尽方法利用刘海和头发遮盖自己的脸型。殊不知，在遮蔽脸型缺点的同时，也让脸部的优点无法展现。

误区一：哪里胖遮哪里

一些人为了让刘海和鬓角可以遮住胖的部位，预留的发量奇多并且长度也特别长。这种捉襟见肘的方式会令发型失去平衡感，甚至让头型看起来更加奇怪。正确的方法是通过体积感的塑造和发流，来修饰你认为太胖的地方，而不是一味地遮挡。

误区二：头发越长越能修饰脸型

对于棱角明显的三角形脸、菱形脸以及多棱角脸而言，头发超过胸线会让头部看起来更小，棱角反而得不到弱化。上述脸型实际上最适合及肩中发，通过缩短发长，令脸型居于头发的中心，取得平衡感。

误区三：不注意卷度的高低

卷发深受欢迎，大多数人只关注卷度大小，却很少留意卷度高低也会影响脸型。从发根就开始出现的高卷度会令脸型收窄。卷度从颧骨水平线开始的中卷会加宽脸型的宽度。嘴角往下才出现的低位卷能拉长脸型。而最低的发尾卷则适合所有长发，不会对脸型有太多的直接影响。

误区四：太注重正面

许多女生在打理发型时只注意正面，忽视了头顶、侧面和背面的线条和轮廓，而它们都是非常重要的。例如，根据大部分东方女生的头型特点，只要在头顶做出一些高度就能完美转身，而这个要诀就被许多人所忽视。

误区五：被"神化"的刘海

东方女生相当注重刘海的发量和造型，以致刘海的宽幅和厚度都大大超出合理范围。有些人的刘海抢夺了顶区的发量以致头顶扁塌，刘海宽幅过大也令脸型的上庭显得过于开阔，反而没有起到美化脸型的效果。

误区六：饮鸩止渴的发根烫

许多女生为了让头顶显得蓬松一些，会在发根采用永久的小波浪烫发，令头发蓬度增加。但随着头发继续生长，烫过的地方会渐渐下移，不应该变蓬的地方反而变厚了，产生了相反的效果。

发型细节决定五官存在感

不要认为五官是属于彩妆管辖的范畴，其实发型细节打理得好，也可以帮助自己绽放五官中的优点和掩饰缺点。

刘海分边 VS 眼睛大小
"平刘海突出眼睛，斜刘海突出眉毛！"

平刘海可以让他人的关注点落在中庭位置，眼睛本身较大的人，运用平刘海可以获得相得益彰的效果。反之，平刘海有可能让小眼睛更引人注目。

相比平刘海，斜刘海几乎适合所有眼型，而且能通过露出前额的一小块位置，配合眉毛的画法，加强五官和气质的上升感。眉毛下垂者，建议通过斜刘海弥补。

刘海长度 VS 鼻梁长短
"短刘海加高中庭，长刘海延长上庭"

鼻梁长度较短，尤其是鼻梁根部比较扁塌的话，可以将刘海稍稍剪短，延长鼻根，然后再利用彩妆的高光技巧，加强根部"垫高"鼻梁，就可实现短扁鼻向混血儿高挺鼻的神奇转变。

超过眉毛或者超过颧骨的刘海都属于长刘海，长刘海适合上庭窄、额部短的情况，另外，如果你认为自己的鼻子比较长，中庭拉长，也可以通过长刘海来缩短鼻长，调节五官比例。

刘海厚薄 VS 脸颊厚薄
"厚刘海可使脸部扁平化，疏密有致的刘海令脸部立体感更强！"

太厚的刘海造成明显的阴影感，在浓重的色彩和厚度下，脸颊是趋于扁平的，出现"上重下轻"的失衡感。

在日韩女生中颇为流行这样的刘海：发量适中、疏密有致、充满空气感、可以看到额头的肌肤。这种刘海不会阻挡照在脸部的光线，一扫阴郁，会令五官更加立体。

鬓角发厚薄 VS 颧骨高低
"颧骨突出者需要鬓角发来美化！"

鬓角发指的是太阳穴后侧以及耳朵前侧的一些有层次、量少的头发。

一般好的发型师会考虑脸型的需要，然后为你修剪出一些来，和后面的头发做一个衔接，起到过渡的效果。颧骨较突出者、太阳穴凹陷者都不宜留过厚的鬓角发。

发型与脸型匹配知识大会考

经过上述内容的学习，你是否对发型的选择有了更多的信心？为了巩固知识，加强记忆，一起来参加我们的知识大会考吧！在 A、B、C、D 中选择你认为正确的答案，单选题答案在下一页揭晓。

1. 下述哪种情况不适合中分刘海？

A. 较短窄的额型　　　　　B. 较扁平的额型
C. 较圆的额型　　　　　　D. 额骨较突出的额型

2. 圆形脸最不建议修剪哪种刘海？

A. 发尾完全齐平的刘海　　B. 发尾由弧度的斜刘海
C. 向颧骨倾斜的长斜刘海　D. 带有弧度的中分刘海

3. 哪种脸型不建议将刘海完全上翻露出额头？

A. 上宽下窄的三角形脸　　B. 上下窄中间宽的申字形脸
C. 上圆下窄的水滴形脸　　D. 上下都窄的菱形脸

4. 下列哪一种头型最适合用丸子头来修饰？

A. 头顶圆润的头型　　　　B. 头顶尖的头型
C. 头顶扁平的头型　　　　D. 头顶向后脑勺倾斜的头型

5. 高马尾能对优化脸型起的最大、最突出的作用是？

A. 突出眼睛　　　　　　　B. 延长腮腺和颊线，整体提升五官
C. 加高鼻梁　　　　　　　D. 增加头顶的高度

6. 哪种脸型尽量不要尝试长度不超过下巴的短发？

A. 长形脸　　　　　　　　B. 方形脸
C. 三角形脸　　　　　　　D. 圆脸

7. 针对方形脸的发型修饰重点是？

A. 把头发烫卷　　　　　　B. 尽可能留长直发
C. 利用鬓角发修饰额角和腮角　D. 利用刘海遮盖额角

8. 下列哪种发型会让脸型加长？

A. 重点和发量都在上方的发型　　B. 重点和发量都在颧骨水平位置的发型
C. 重点和发量都在背面的发型　　D. 重点和发量都在肩线附近的发型

单选题答案与解析

1. D

额头中间是额骨突出的位置，如果这个地方恰恰因为中分刘海被暴露出来，就会变成上庭突出、中下庭凹的格局，影响面部的柔美感和五官的协调感。

2. A

可以采用最直接易懂的分割思维法：把圆脸想象成一个圆形，发尾完全齐平的刘海等于在圆形上平切一刀，不仅不会改变整个圆的形状，反而会更加突出。

3. A

刘海上翻等于加高上庭，让上宽下窄的三角形脸再延长上半部分显然是不明智的，会造成宽脑门的尴尬效果。

4. C

丸子头绝对不适合头顶突出、尖的头型，而头顶扁平、凹凸不平的话，则可以通过加高的丸子发髻来补足。

5. B

能将两侧鬓角发呈 45 度角提拉的高马尾绑法，可令面部变得紧致。如果再通过彩妆的手法将眼线和眉尾画得略上扬一些，瘦脸的效果将会更加惊喜。

6. D

圆形脸可以尝试长度及肩的中发，将头发烫出多方向的弧度，改变圆脸的圆周线条。圆脸最应避免发尾往脸颊内扣的短发。

7. C

卷发的柔美和方脸的硬朗气韵略有矛盾，卷发显然会格格不入。方形脸适合弧度平缓的发型，最好借助搭在前额和颊部的一些发丝起到柔化效果。

8. A

把发量堆积在头部上方，把发型重点安排在头顶，这两种都是延长脸型的做法，适合下巴较短的脸型。

中分内卷刘海让额型显得不再那么圆，长发内卷变短则是通过拉长脖子起到缩小脸型的作用。

脸型特写图

圆脸

贝壳式发型，
简单内卷技巧把大脸"关起来"

圆脸可爱朝气，做发型时可略修饰上半部分，尽量少遮盖中下半部分。

将靠近脸的头发用内卷的方式处理，通过线条的内聚起到收缩脸型的效果。圆脸切忌用鬓角发遮挡脸部的外围，这样反而会让别人更注意你试图隐瞒的秘密。

Step by step

1 先抓取刘海以及顶区的头发，用密齿梳在靠近发根的地方逆梳打蓬。

2 将太阳穴平行线以上的发量全部向后抓，顺时针拧转2~3圈后推高，并用夹子固定拧转处。

3 剩余的头发分为三等份，为了能轻松内卷可以事先烫一下发尾。

4 每份头发分成两股，先互相交叉再向内拧转，拧转时顺势内卷团成短发。

5 将三个做好的内卷用夹子夹拢到一起，长度一致，并确保不要碰到肩。

6 刘海中分为两份，将卷发棒倾斜并内卷发尾半圈，令其自然向内卷。

7 用尖尾梳轻轻将头顶的发包挑高，让其饱满并且左右对称。

8 兔耳朵发带从两耳后侧穿过，拉到头顶交叉，在偏侧的位置打结并压低兔耳就完成了。

圆脸如何用好兔耳朵发带

1. 额型对脸型起着决定性作用，兔耳朵不要将刘海全部往后拨，一定要留一点刘海修饰额型。

2. 兔耳朵的位置不要摆得太正，能塑造中轴对称感的发饰都不适合圆脸型。

3. 兔耳朵的位置不要太接近发际线，稍微靠后一些，并且选择深色兔耳朵可以起到收窄脸型的作用。

后面的头发足够蓬松了，脸型也会相应变得小巧立体

突出了高挺的鼻子和纤细的下巴。

看似『不守规矩』的卷曲刘海让脸型显得更加小巧，

脸型特写图

长形脸容易看起来过于严肃，只要"遮住"主宰理性的上庭位置就能变得可爱。

长形脸

多层次刘海解决上庭过长问题

长形脸应该避免中分式刘海以及毫无曲度变化的长直发，因为这样会加强直线效果，令脸部变长。解决的方法是将刘海的发量通过修剪变厚，利用卷烫技巧塑造厚但不死板的多层次刘海，缩短过长的上庭，让脸型变得小巧。

Step by step

1 以左耳前切线为界，用密齿梳将头发分区，前区的头发用发蜡抓高待用。

2 用指腹蘸少量发蜡，将头发服帖于耳朵后侧并压平，令这部分头发顺直。

3 以右侧额角为界，将前面的发量分开作为刘海的补充。

4 其余的头发同样用发蜡抚平，然后用夹子夹在耳朵后侧压平。

5 将两次分区补充进来的头发和刘海一起用发蜡抓松，分为若干份，用直径28 mm左右的卷发棒内卷发尾1圈。

6 贴近眉毛的刘海发梢统一收进发棒里，内卷半圈并保持久一些，确保发尾内卷。

7 兔耳朵发带由下往上戴，打结的地方需正好压住刘海发根，确保刘海不移动。

8 手指张开插入发根，将卷曲的刘海轻轻往上推，同时喷少量定型喷雾，避免头发过于压眉。

长形脸如何用好兔耳朵发带

1. 脸型较长的话，兔耳朵长度不要留得过长，可以压低或者藏进发带中，避免竖向拉长。

2. 戴上兔耳朵时，一定要避免发带紧压鬓角发，原因是两边的发量变得过薄，会让长脸更加削瘦。诀窍是让发带戴的位置离鬓角发际线远一些，确保还能看到足够的鬓角发。

3. 调整发带宽度也有秘诀：从侧面上看，过宽的发带会令头的两侧更窄，加长脸型。应将发带布面折进去一半，细一些让侧脸更显饱满。

FINISH

前额发量太重了？用一根兔耳朵发带就可以取得绝妙平衡。

纹路各异的Q弹卷发让削瘦脸颊显得饱满丰润起来。

脸型特写图

两颊线条过于削瘦的脸型应该避免紧贴脸颊的直发发型。

菱形脸

改变削瘦锥子脸，
随性发丝让小脸更柔和

削瘦的锥子脸真的是最美脸型么？它也有自己的苦恼：脸颊无肉显得太清瘦，只要不笑就被误会摆臭脸……脸颊无肉的菱形脸应避免过于垂顺的直发造型，卷度随性一些的发型能让你散发亲切美感。

1 将全头头发烫卷后，预留一些鬓角发，从左侧太阳穴后侧开始向上编三股辫。

2 沿着头顶最凸出的圆弧走，采用不断加股的方式，由左往右完成一根略粗的发辫。

3 即将靠近太阳穴后区时，将头发向内拧转2~3圈，用夹子固定好，令卷曲的发尾朝外。

4 按照同样的方法，在发辫的下方也做出一条同样的发辫，发尾同法固定，令卷度堆叠在头部的右侧面。

5 堆叠着的发尾用直径大于28 mm的卷发棒再次烫卷，内外卷交叉进行，分别内卷2~3圈。

6 卷度不要用梳子梳开，远距离使用定型喷雾将其固定，令它们保持堆叠效果。

7 为了让堆叠的卷度更加稳固，可以戴好兔耳朵发带压住上端1/3的地方，起到定型作用。

8 在厚度开始增加的起始位置打结，利用用发带的装饰效果，平衡视觉，让脸型更加饱满。

FINISH

层层堆叠的卷度弱化了凌厉的颊线，让锥子脸也变得可爱饱满起来。

菱形脸如何用好兔耳朵发带

1. 戴兔耳朵发带的时候，两侧表面应覆盖足够多的发量。从正面看到的发带面积越多，脸部越显得削瘦，此法不适合菱形脸。

2. 下巴是菱形脸最大的一处"锐角"，避免将兔耳朵绑在与下巴对应的头顶正中间位置，这样会加强锐角，不利于脸型的优化。

3. 为了起到"丰颊"效果，头顶和后侧的发量都有可能往脸颊侧面调集。转移发量必定会导致发根暴露，这种情况下，兔耳朵需尽可能戴在可以遮盖发根的地方。

兔耳发带戴的位置靠前，将较宽的上庭收窄，缩小与尖下巴的差距。

脸型特写图

水滴形脸

让尖下巴
不那么突出的鬈发方案

尖下巴令脸型陡然收窄，下区放宽的同时建议上区选择收窄的发型。

下巴太尖的脸型尽量不要在脸的侧面堆积太多发量，减少发量、做出曲度能弱化过于锐利的线条。另外，下巴太尖的脸型容易对比出宽的上庭，建议利用兔耳朵发带收窄修饰。上半区收窄、下半区打开，是这种脸型的最佳发型方案。

Step by step

1 把靠近两侧额角的鬓角发预留出来，并将卷发棒调至中等温度烫出方向朝内的微卷。

2 其余头发向后梳整，沿着背面的中轴线，编加股三股辫，同时确保不要拉得太紧。

3 编到脖子上方的头发时，左右耳下均预留一些头发不编，让其自然垂下修饰脸型。

4 发辫不需编到发尾，可预留 20 cm 的长度用兔耳朵发带系紧，此时发带两边长度需大致相等。

5 将发带两头拉平，顺势内卷，将发辫的末端内卷藏进发辫的里层，同时发尾摆向左侧。

6 发带两头拉高，从两耳后区经过系在头顶，注意不要压到鬓角发的发根。

7 打结后两边可以多绕几次，将兔耳朵的长度缩短，接着将发带的布面展平。

8 用直径大于 28 mm 的大号卷发棒处理两耳下区预留的头发，内卷 1 圈半塑造微卷即可。

水滴形脸如何用好兔耳朵发带

1. 戴兔耳朵发带时，尽量避免贴着脸的外廓来戴，这样等同于将脸型框起来，令缺点无处藏身。

2. 当发型需要预留一些碎发修饰脸型时，戴兔耳朵应避免压到发根，可先系好发带，再用尖尾梳挑出发根。

3. 兔耳朵尽量不要用在脸的下半区（耳朵下方），这样会令视线焦点移至下方，导致上半区失衡。

FINISH

卷曲的鬓发化解下巴的锐利感。上收下放的发型改写脸型印象

由厚变薄的长刘海通过曲线的变化，弱化了一个额角和同侧腮角，让脸型变得更加柔和。

脸型特写图

找到方形脸最突出的四个角后，就不难找到最佳的发型修饰方案了。

方形脸

运用不平衡的发型，找到最美 45 度角侧脸

方形脸腮骨突出，呈现更接近直角的角度，两边腮角的连线也大致和额角连线均等。为了打破方形的刻板感，最好选择不对称的发型，通过视线的转移，让方形的四个角（两个额角及两个腮角）至少有两个被完全隐蔽。

1 以右侧额角为界，用密齿梳将头顶以及刘海全部向左梳整。

2 其余的头发悉数向后梳，将兔耳朵发带拉平，在距离发尾 1/3 的位置打结系牢。

3 将头发整体按逆时针方向拧转数圈，直至发根缠紧，然后将头发连同发带一起一分为二。

4 将两份头发互相交错缠绕，利用钢丝的咬合力将头发夹紧，形成螺旋状。

5 把发带的两头分开，靠近内侧的一头从左侧头发中任意选取宽度 6 cm 的发束穿过。

6 穿过后将头发整体往左侧拉，头发拧转了之后能顺势形成一个圆形发髻。

7 发带的两头在这条发束上打结系紧，再互相交叉做成兔耳朵造型，发髻就能牢牢固定在头发上了。

8 选择直径大于 28·mm 的大号卷发棒，将之前预留的刘海一次性纳入，向脸颊内侧烫卷即可。

FINISH

兔耳朵发带虽然隐藏在后，扮演的却是固定发髻、平衡前后的重要角色。

方形脸如何用好兔耳朵发带

1. 兔耳朵发带的造型尽量不要定位在与额角、颧角和腮角平行的位置上，太靠近会令棱角凸出。

2. 要将兔耳朵发带内置钢丝的形状压得圆润一些，避免出现直角、锐角，以免腮部线条更添锐利感。

3. 方形脸上庭的位置普遍略宽、长，因此尽量不要将兔耳朵发带的佩戴位置定得太高，避免将别人的关注焦点转移到自己不够完美的地方。

CHAPTER 4
美发周记

长中短发量美发一周变

周一到周日，你是否对千篇一律的造型感到厌倦？上班到派对，你总是用同样的发型毫无存在感？兔耳朵发带这次将作为一周七天的灵感神器，实现绝不重复的发型梦想！不需要太多技巧和时间，别等了，现在就改变！

短发一周七天变发计

清扬鬓角的朝气通勤短发

发型重点：清爽利落、自信简约

周一迎来千头万绪的工作，又适逢部门会议，只有清爽简约的发型才能突出挑战工作的自信、展现干练利索的气质，进而获得同事的好感。

简约大方的兔耳朵发带将短发造型理出层次感，突出职业清爽感。▼

Step1:
以左侧额角为界，用密齿梳分出一条发界，将左侧鬓角发全部塞进耳后。

Step2:
右侧以右耳前切线为界，将鬓角发和刘海梳在一起，形成大片三角形刘海。

Step3:
将发带从上往下系，正好连接两耳后侧，系在右耳耳垂后方。

Step4:
用手指将刘海固定在右侧眉梢，再用定型喷雾将发尾定型，刘海即可稳固。

一周七天用的都是同一款兔耳朵发带！

保留大片斜刘海修饰脸型，露出耳朵更显自信和伶俐。

突出可爱感的露额猫耳发型

发型重点： 甜美俏皮、减龄可爱

今晚下班要去参加朋友的生日宴会，打闹玩乐的场合不需太过一板正经。俏皮的卷发造型最为减龄，就用这款发型让大家深陷你的年龄谜团吧！

▶ 前额的猫耳造型是这款发型的重点，突出脸型之余也倍添可爱之感。

Step1:
中分刘海更适合打造猫耳发型，用密齿梳将顶区的头发按中线一分为二。

Step2:
将中线到额角线的头发全部抓起，发尾向后拉，向中线拧转2~3圈后推高固定，左右同法就能打造猫耳造型。

Step3:
其余的头发用直径大于28mm的卷发棒分别卷烫发尾，使其内卷。

Step4:
将少量头发留在两耳之前，兔耳朵发带由下往上系，正好压在发夹固定处即可。

SIDE

发尾自然的卷曲突出女生味，和正前方的兔耳朵甜度一致。

一周七天用的都是同一款兔耳朵发带！

星期三 Wednesday 短发

适合约会的复古小恶魔发型

发型重点：复古甜美、性感魅惑

有没有一款发型能摆脱短发带来的中性男人味？今晚一起来实现！通过巧妙的分区技巧，将中性短发带回令人心动的性感领域！最后别忘了加入男生都喜欢的乖巧平刘海。

短发也能做出长发造型，丰满甜美的刘海让他的视点落在你的动人眼眸。 ▼

Step1:
分区是打造这款发型的重要环节，用梳子将头部最高位置的头发全部往前梳，左右以两边额角线为边界。

Step2:
将卷发棒加温到最高热度，将这部分头发的发尾内卷1圈，烫出内卷发尾，为下一步做准备。

Step3:
发尾烫出内卷后更容易做出内卷的圆圈造型，用夹子固定在左侧额角旁。

Step4:
兔耳朵发带由下往上系好，打结的位置需正好位于前额头发的1/2处，与发尾做出的圆圈造型同侧。

一周七天用的都是同一款兔耳朵发带！

SIDE

特殊的分区技巧将发量向前额转移，显得脸型更加小巧立体。

突出权威气场的光洁发型

发型重点：内敛沉稳、自信大气

今天要陪同上级参加公司的高层茶叙会，要将不稳重的小女生气质全部藏好，简约大气的发型更适合气氛严肃的场合，就以一款成熟自信的光洁发型博得上级的好印象吧。

▶ 光洁可鉴的前额突出干练气质，让他人容易对你产生信任感。

Step1.
将头发全部梳顺，指腹抹开少许发蜡，以左侧额角为界将头发分开，并利用发蜡的黏性压平。

Step2.
较多发量的刘海向右梳顺，不要超过前额发际线，凌乱的发尾要用夹子妥善藏于耳后。

Step3.
兔耳朵发带由下往上戴，经过两耳后侧，需正好将发尾压紧，不使其凌乱翻翘。

Step4.
交叉之后的兔耳朵需要塞进发带底下，打造宽发带的效果，不致太过可爱和场合不合。

SIDE

没有一丝含糊的发型也利于突出职场新人利落、干脆的行事风格。

一周七天用的都是同一款兔耳朵发带！

113

星期五 Friday 短发 迎接周末来临的现代感刘海发型

发型重点：时髦现代、张扬趣味

受邀参加现代艺术展，太过正统职业的装扮或者太随便都会唐突失礼，不妨利用长刘海做一番创意！现代感十足的波纹刘海成为点睛之笔，融入展览的艺术氛围仅靠一处就能相得益彰。

成熟、不失现代感的发型让你成为最具艺术鉴赏眼光的来宾。▼

Step1:
以左侧额角为界，将顶区的头发全部向右梳，左鬓的头发悉数用发蜡压平。

Step2:
右侧的刘海和顶区发随意分为若干份，每份宽度约5 cm，用直径18 mm的卷发棒向内烫卷1圈半。

Step3:
卷烫的地方用手指搓开打散，使这里的头发堆积出一定厚度，再用定型喷雾固定。

Step4:
将兔耳朵发带由下往上系，正好横跨刘海根部，不要压到烫卷的部位。

一周七天用的都是同一款兔耳朵发带！

SIDE

轻盈一系的兔耳朵发带迎合周末的轻松氛围，让你不会显得过于拘谨。

适合热舞派对的夸张刘海发型

发型重点：夸张瞩目、大胆线条

工作了一周难得迎来彻底放松的一天，摆脱平日里的保守形象，从线条开始打破固定模式！线条夸张的刘海发尾扬起，兔耳朵的用法更具俏皮星味，适合电光流转的舞池，让整个人热力四射。

▶ 线条张扬的刘海成为五官突出的主要原因，最大限度地释放双眼电力。

Step1:
以右侧额角为界，用密齿梳将顶区头发向左梳顺，可用发蜡压一压发根定型。

Step2:
经过两耳后侧系上发带，并让其正好压在分线的末端上，在靠左位置打结，用梳尾挑高后脑勺的头发。

Step3:
在顶区头发的发尾使用少量发蜡，加强可塑性，再用大直径卷发棒向外翻卷1圈，烫出外卷造型。

Step4:
用手指将外卷的发尾轻轻抬高，再横向快速移动定型喷雾，喷洒发尾定型。

SIDE

服帖的鬓角和蓬松的刘海形成鲜明对比，达成对撞的视觉效果

一周七天用的都是同一款兔耳朵发带！

适合观看球赛的纽约客短发

发型重点：都市嘻哈、阳光摩登

和死党一起观看激烈的球赛，平时的甜美打扮一定被当做"伪球迷"。找出棒球外套和条纹发带，变身酷帅有劲的阳光造型！蓬松高卷的短发一定让你和今天的阳光一样夺目！

发带当做运动风格的头带使用，不仅正中嘻哈腔调的靶心，也能营造户外阳光感。▼

Step1:
将头发分成若干小绺，按照内外卷交叉的模式给头发依次上卷，每绺头发卷 2 圈。

Step2:
用少许哑光发蜡将上好卷的头发抓蓬，仅抓发尾，不要碰到发根，塑造空气卷度。

Step3:
将兔耳朵发带由前往后系，前端需压在前额的发际线上，后侧在左耳后区打结。

Step4:
把发带的布面拉宽、展平，并且让刘海尽量摆放在你喜欢的一侧，最终修饰脸型。

SIDE

欧美明星也十分崇尚的"大风吹"发型，率性和摩登一举两得。

一周七天用的都是同一款兔耳朵发带！

短发造型品心愿单，它们为短发而来

Aesop
紫罗兰护发造型霜

　　针对难以整理的干硬乱发，使其自然顺服，适合过于干燥、蓬乱翻翘的短发。

TIGI Candy Mega Whip
棉花糖

　　棉花糖一般的质感，使用在干发上打造短发的条束感，保持支撑性却非常轻盈。

Redken03
亮泽定型
保湿造型发蜡

　　能打造出亮彩灵巧的短发效果，并且维持短发清爽，同时能够轻松冲洗不留残迹。

Kiehl's
强力定型啫喱

　　适合所有发质，滋润短发的同时，能提供强力持久、自然支撑的造型效果。

Lush
山泉造型护发啫喱

　　一款不会给头皮造成负担的造型品，适合日常定型，顺服头顶飞扬的岔发。

Tresemme
秀发防烫喷雾

　　能抵抗热力对头发的伤害，滋润头发的同时，具有微定型效果，适合喜欢自然效果的短发者。

Deuxer
短发束感造型
6号发蜡

　　能给短发打理出清爽的束状效果，并带有空气轻柔质感，令头发不贴头皮。

Aveda
空气感
控制定型喷雾

　　一支高效、快干的定型喷雾，具有24小时的抗潮功能，同时避免头发受到紫外线的伤害。

短发如何选择造型产品

■选择造型产品时，选定功效后一定要看适合发质的类型。头发剪短后，发质对发型蓬度的影响就会更为直接，因此要先解决发质问题，再解决造型问题。

■头发细软的短发可选择针对发根的造型品。相反，发质粗硬的短发可选择针对发尾的造型品。

■一般而言，硬度较高的造型品更适合短发使用。如果在产品包装上没有标明适用长度的话，可以按硬度来进行大致判断。

■短发涂抹造型品时离发根较近，如果头皮过敏的话，可以使用有机成分的造型品。

中发一周七天变发计

星期一 Monday 中发

快速利落的蝴蝶结侧绑发

发型重点：青涩稚嫩、乖巧甜美

本周首日的第一堂课不能因为爱美而迟到！通过普通马尾"变形"而来的侧绑发学生气十足，既甜美青涩，也乖巧亲和，适合普通上课日，快速打造清爽甜美的造型。

邋遢报到也会被老师注意！不如选择清爽简洁的发型成为仪表优等生。

Step1:
先将头发在左侧低位拢成低马尾，兔耳朵发带绕其一周后向上拉直。

Step2:
兔耳的两边在中间合并，并一致从头发中分线中穿过，然后往右侧拉。

Step3:
两边兔耳分开，选择靠左的一端，穿过一缕宽度约6 cm的发束后向外拉开。

Step4:
两边兔耳再次打结系紧后，马尾整体抬升，再按照普通蝴蝶结打法完成。

一周七天用的都是同一款兔耳朵发带！

BACK

由兔耳朵发带做成的蝴蝶结是背后的亮点，成为发间的可爱之处。

体现新人面貌的活力凌乱发辫

发型重点：活力阳光、乱中有序

把自己打扮成娇滴滴的小公主？不！以积极、有干劲的面貌到社团报到，才会受到大家的欢迎。乱中有序的发辫突出随性的感觉，利于和大家打成一片。兔耳朵发带的使用突出时髦感，让好品味帮助自己成为团队核心。

▶ *亲切甜美的发辫搭配舒适针织衫，以低调不乏朝气的新人之姿博得大家的好感。*

Step1：
以右侧额角为界，将稍多一些的发量分到即将编发辫的左侧。

Step2：
将刘海独立出来，从耳垂开始向下编三股辫，每股发束都不要太紧。

Step3：
抓出几缕较短的鬓角发修饰脸型，兔耳朵发带从发辫底部向上戴，系在刘海根部。

Step4：
较长的刘海分两股，用不断交缠的方法打理至发尾，然后用夹子别进发带底部藏好。

SIDE

发辫往下垂难免不够朝气，向上的兔耳造型从中调和，形成绝妙平衡。

一周七天用的都是同一款兔耳朵发带！

参加新生舞会的甜美 S 发型

发型重点：别致巧思、瞩目线条

虽然已经走进大学校园，但还不想把自己打扮得过于性感成熟？尝试一款让男生女生都一致称赞的甜美编发吧！亮点藏在背后的发型，能让奇妙的校园邂逅从你美丽的背面开始噢！

五官才是重点！干净利落的甜美感远比花枝招展更加动人。▼

Step1:
从头部右侧最凸起的位置开始编发，采用不断加股的三股辫编法，向左侧耳后区移动。

Step2:
每次"转弯"一共加进 4 股束束，即可达到精致的加股效果，在右耳后区编完 S 的第二道弯。

Step3:
在脖子根部保留一些散发装饰颈间，发辫末尾用兔耳朵发带打结系紧。

Step4:
穿过 step3 预留的散发里层，将发辫内弯，发带向上系好即可形成完整的 S 形造型。

BACK

一周七天用的都是同一款兔耳朵发带！

精致到每个细节的 S 形编发。让背面造型为你加分。

抓住丘比特之箭的中分高马尾

发型重点：乖巧灵气、活力大方

没有什么发型比马尾更清纯动人，平实马尾只要用卷发棒稍加改变就能焕然一新！卷曲的马尾和鬓角发是确保你被他看到的要点，期待图书馆自习的心心相惜，让马尾帮你抓住丘比特之箭。

▼高马尾能最大限度地保留纯真，缩小兔耳朵发带的表现面积为避免喧宾夺主。

Step1:
预留刘海和少许鬓角发，在头顶最凸出的位置先用皮筋绑一个基本的高马尾。

Step2:
利用直径25 mm左右的卷发棒将马尾烫卷，内外卷交叉上卷，确保卷度蓬松。

Step3:
将兔耳朵发带从头部后侧的头发穿过，每隔一段距离便内外穿插，塑造富有趣味的穿插效果。

Step4:
向前穿出后再绕马尾根部1~2圈，缩短长度后在侧面交叉成蝴蝶结即可。

SIDE

穿过马尾根部的发带散发搞怪趣味，让马尾显得与众不同。

一周七天用的都是同一款兔耳朵发带！

适合参加运动的简易丸子头

发型重点：随性轻扬、轻盈自然

周五和大家一起打球，挑了一件夹克外套就出门了，发型上也不宜太过考究，随性、不妨碍运动的丸子头最适宜。利用兔耳朵发带内置钢丝的超强塑形力，不需要使用任何夹子就能让发型稳固轻便，不影响运动乐趣。

和常规的圆形丸子头不同，更多随性感的丸子头彻底摆脱娇弱感，塑造爽朗气质。 ▼

Step1:
在头顶最高点偏左的位置绑一个基本马尾，兔耳朵发带展平后绕马尾根部1圈，再拉平。

Step2:
发带左边再绕马尾根部1圈，同时从马尾1/2处带过，将马尾带向正面。

Step3:
在前面找任意一束宽度约5cm的发束，令发带两边在这里打结，等于将马尾的1/2位置固定在这里。

Step4:
将发带的两头反复交叉，直到缩短到适宜的长度，再将马尾拉松即可。

一周七天用的都是同一款兔耳朵发带！

SIDE

头顶上轻轻飞扬的兔耳朵，将阳光运动感带入今日的造型之中。

适合约会的糖果甜心韩式盘发

发型重点：适度甜美、优雅气质

第一次约会的发型非常重要，既要显得足够重视，又不能考究过度。别致的小发髻和鬓前的"小心机"就足以让他记在心底。50% 的甜度 +50% 优雅，用妙龄女生难有的优雅感让他念念不忘。

▼ 蜿蜒流转的鬓前发是这款发型的重点，轻松将他的冷爱之心捕获。

Step1:
在右耳后侧抓取宽度约 5 cm 的发束，预留作为装饰，其余头发向左耳后区绑一条三股辫。

Step2:
发辫按顺时针方向盘成小圆髻，辫尾藏在圆髻底下，用多枚夹子固定发髻并拉松。

Step3:
兔耳朵发带从两耳后区穿过，塞进圆髻底下，并且在右额角位置打结。

Step4:
较长的刘海将发尾抹上发蜡，向上盘成扁圆形，然后用发夹固定即可。

SIDE

发髻既能起到固定发带的作用，也能平衡前后，塑造完美侧脸。

一周七天用的都是同一款兔耳朵发带！

星期天
Sunday
中发

体现曼妙美感的弧形侧绑发

发型重点：温婉甜美、低调内敛

和朋友享受轻松的下午茶时光，趁此机会让头发休息一下。告别满头发夹的累赘和定型产品的刺鼻香味，我们需要一款轻松自在的发型！借助兔耳朵发带的帮忙，不需要夹子和任何定型产品，你就能拥有一段清爽的下午时光。

轻轻垂于颈肩的发尾，慵懒和优雅气质完美呈现。 ▼

Step1:
从前额开始采用陆续加股的手法编三股辫，编到左耳上区时不再加股，直接编到发尾。

Step2:
用一个皮筋将辫子末尾和兔耳朵发带的中点绑在一起，发带从中点对折。

Step3:
将发辫以外的头发和发辫拢在一起，用发带两边各绕1圈后向上提拉。

Step4:
将发带的两边分开，位于内侧的一头从发型底部穿出，两头分别经过耳后，在头顶交叉即可。

一周七天用的都是同一款兔耳朵发带！

BACK

由一条三股辫贯穿而来的发型，细微之处也不失风度。

中发造型品心愿单，它们为中发而来

Label.m
动感蓬松定型粉

创新科技定型粉，可以令发根蓬松立起，从而增加头发厚度，带来自然的哑光效果。

Kose loveruss
空气束感
头发定型啫喱

可用于干发时打造空气感的多层次效果，轻揉发梢就可以加厚发量、丰盈发丝。

Queen Helene
皇家卷发卷曲
成型霜

适用于湿发，可以使头发卷曲成型，并带有抗氧化效果，能抵御有害的温度和湿度。

花王 Essential
滋养免洗护发素
（卷发棒专用）

使用在八成干的头发上，避免卷发棒和电吹风带来的热伤害，令头发光泽感更强。

Fekkai
烫后护卷发乳

一款每日可用的护卷乳，在卷发棒后使用可以减少发丝的热伤害，同时延长卷度保持的时间。

Ma Cherie
玛宣妮卷发发妆水

一款适合在卷发前做好打底的发妆水，可以隔离热力伤害并且抚平毛糙。

Lucido-L
丰盈曲发乳液
（70 克卷发用）

适合中等长度的卷发使用，在不增加头发重量的同时，让卷发更具线条感。

花王 Cape
空气蓬松定型喷雾

超轻质感的蓬松喷雾，即使定型了也可以用手梳理，不会给发丝带来纠结反效果。

中发如何选择造型产品

■发量稀少的话，在肩线位置就会出现明显的稀疏现象，可以选择空气感较强的定型喷雾，尽量避免用到发蜡、发泥、发乳这类黏性比较强的产品。

■如果有频繁电卷习惯且出现发尾干燥的情况，最好选择一瓶具有减少热伤害效果的造型品，洗发后使用隔离热伤害。

■如果你的中发带有卷度且发量比较少的话，应尽量避免慕斯、啫喱等含水量比较大的造型品，它们有可能会令头发湿漉漉的并且打缕。应该选择喷雾、发泥这类较干爽的定型产品。

■发质细软、扁塌的中发，应避免购买油脂含量高的定型产品。涂抹或者喷洒在手心，几分钟后仍然觉得黏腻的，那么证明这款定型产品油脂含量较高。

长发一周七天变发计

点亮格子间的优雅披肩发

发型重点：甜美动人、优雅温和

想做人见人爱的微笑天使而并非高高在上的女神？一款温柔的披肩发就能赢得大家的好感。为避免披头散发而显得懒怠，可借助兔耳朵发带将刘海区域划分出来，让整体发型清爽和柔和一举两得。

乍看上去是十分普通的发型，却因兔耳朵的点缀显得乖巧灵动。

Step1:
将头发横向分为6~8区，用直径28mm以上的大号卷发棒卷烫发尾，内卷2圈的弧度最为自然。

Step2:
从左侧太阳穴后区抓约三指宽的发量，向内拧转的同时向右侧拉去，用夹子固定在右后侧。

Step3:
在左侧太阳穴后区的下方，同样抓取三指宽的发量，拧转后也固定在step2的固定位置。

Step4:
将兔耳朵发带的布面展平，从颈部发根、经两耳后区穿过，最后系在中分刘海的中轴线对应位置上。

BACK

一周七天用的都是同一款兔耳朵发带！

背面的两股拧转可以减少侧面的发量，确保发型看上去清爽。

适合商务酒会的优雅侧盘发

星期二 Tuesday 长发

发型重点：轻熟自信、得体优雅

觥筹交错的酒会需要优雅内敛的气韵，太张扬的发型会显得浅薄轻浮，只有得体优雅的盘发备受瞩目。发量太少需要大量夹子才能固定的话，用兔耳朵发带就能解决你此时的困扰。

▶ 兔耳朵发带发挥了最关键的效果，在表面上却只看到一点点，深藏不露。

Step1:
两鬓预留烫卷了的几缕鬓角发，剩余的用兔耳朵发带在左耳下区扎成马尾，此时发带长度最好呈 1:9 的比例。

Step2:
从马尾下方随意抓一把发束，再绕过马尾绑好处，从上半部分马尾的中间穿出。

Step3:
将发带较长的一段拉高，经左额、头顶、右额向后侧包过来，再绕回马尾的绑好处。

Step4:
两头发带在马尾绑好处再次打结系紧，整理成蝴蝶结状，最后调整马尾的摆放位置即可。

BACK

整款编盘发型由发带一力促成，不需要一枚夹子，避免出糗。

一周七天用的都是同一款兔耳朵发带！

星期三 Wednesday 长发

突出居家才干的气质绑发

发型重点： 恬淡温和、感性自然

　　想要美丽赴约周三晚上的烘焙课程，在发型上也要鼓励自己成为富有才干的小女人。突出宜家的恬淡气质，一定要重点表现发质的柔软和光泽。兔耳朵发带除了发挥头箍一般的装饰效果，还为整款发型提供支撑。

避免棱角呈现的发型，软若无骨的绑发才是塑造女人味的重点。

Step1:
　　两鬓预留烫卷了的几绺鬓角发，剩余的用兔耳朵发带在左耳下区扎成马尾，此时发带长度最好呈 1:9 的比例。

Step2:
　　从马尾下方随意抓一把发束，再绕过马尾绑好处，从上半部分马尾的中间穿出。

Step3:
　　将发带较长的一段拉高，经左额、头顶、右额向后侧包过来，再绕回马尾的绑好处。

Step4:
　　两头发带在马尾绑好处再次打结系紧，整理成蝴蝶结状，最后调整马尾的摆放位置即可。

一周七天用的都是同一款兔耳朵发带！

SIDE

明亮温暖的黄色发带，加上自然下垂的多处发绺，让温柔气质自然流露。

和同学相聚的减龄高绑发

发型重点：轻松自在、活泼减龄

高绑发一直流行不衰，凭借的是它强大的减龄效果。较高的绑发位置等于将五官一起提升，同时把下垂的岁月痕迹一扫而光。如果想要展现年轻率真的效果，一定要将高绑发列入你的候选名单中。

▶ 轻松自在的高绑发显得率真活泼，仿佛还是校园中的那个你。

Step1:
在头顶最凸出的位置绑一个基本马尾，想要更俏皮的效果，位置可以略偏一些。

Step2:
用少量发蜡抚顺马尾表面后向内拧转数圈，再用兔耳朵发带系紧发尾，此时发带两边长度需大致相等。

Step3:
顺势将发尾由后往前绕，发带在马尾绑好处各绕一圈，将发尾固定在此处后绑紧。

Step4:
发带两边再互相交叉，可随意抓一些马尾的头发塞进去扣牢，调整马尾蓬度即可。

SIDE

侧面堆积的发量同样能为圆脸修饰，对比出精致的小V脸。

一周七天用的都是同一款兔耳朵发带！

星期五 Friday
长发

适合家庭聚会的别致马尾

发型重点：甜美乖巧、简洁得体

和长辈见面一定要选择看起来舒适得体的打扮，发丝不需要太刻意经营，发饰也应该删繁就简。利用兔耳朵发带轻松一扭，只需要掌握马尾技巧，就可以打造一款长辈也会称赞的别致发型。

简单、没有一丝繁琐的发型塑造了乖巧干净的第一印象。

Step1
将全部头发梳顺至左耳下方，分为三等份，先编普通的三股辫。

Step2
编发时仅编 3~4 次来回即可，用兔耳朵发带将编发终止处系紧，互相交缠，最后预留一段令发带两边分开。

Step3
一手抓住发尾，另一只手抓住发带，向上内卷 1~2 圈，令编发的地方团起来。

Step4
此时发带两头顺势从下方绕出，经左侧穿出后插进 step2 的系紧处即可。

一周七天用的都是同一款兔耳朵发带！

BACK

看似只是绑了普通发圈的造型，其实由发带内置的钢丝一手促成。

享受周末血拼的超炫朋克发型

发型重点：张扬突出、大胆廓形

想要颠覆平日里的乖乖女形象，就从小烟熏和朋克发型开始吧！释放自己的真实个性，利用大胆的朋克线条由头开始武装。做不一样的自己，享受周末血拼的快乐。

▶ 酷感和魅惑在这款发型中达到平衡，周末刚好需要一点小野性。

Step1:
找准头部背面的中轴线，将全部头发粗略分为三份，分别在中轴线的较高位置上绑成三个等距马尾。

Step2:
先用兔耳朵发带绑紧最后一个马尾的中间位置，再依次在第2、3个马尾的同样位置绑紧，将三个马尾串连起来。

Step3:
将发带连带马尾提高到头顶位置，绑在位置最高马尾的根部固定，此时发尾全部朝上。

Step4:
发带从底下穿过，再次回到中间马尾的根部绑紧，并在侧面做出蝴蝶结造型即可。

SIDE

侧面仍是一个低调的小发髻，在整体造型中同时做到了保守和时尚的完美平衡。

一周七天用的都是同一款兔耳朵发带！

拜访朋友的邻家发辫造型

发型重点：精心别致、低调乖巧

到好友家中做客，不像商务会面一般拘谨，可以保留女生气的打扮。在长发中若隐若现的发辫突出邻家气质，显得平易近人，兔耳朵发带的运用成为点睛之笔，让你成为新居合照中的亮点。

没有蓬松、高耸的造型，这是一款让人感到非常舒适的发型。▼

Step1:
将头发以两耳的后切线为界，分为前后两区，兔耳朵发带从两耳后区向上系，整理成兔耳形状。

Step2:
在太阳穴的平行位置，从发带前后各抓一把发束合并，再等分为三份编普通的三股辫。

Step3:
左右两侧各编一条这样的细小发辫，抓住辫尾，将每一股发束细细拉松。

Step4:
将刘海中分，剩下的发量自然披散下来，最后压低兔耳即可。

SIDE

像棉花糖一样柔软的卷发迎合周日聚会的蓝调氛围

一周七天用的都是同一款兔耳朵发带！

长发造型品心愿单，它们为长发而来

Tsubaki
丝蓓绮红椿护发喷雾

通过高纯度山茶花精油滋润秀发，修复分岔发尾以及由烫染造成的毛躁和干黄。

Aveda Smooth Infusion
造型顺滑乳液

能帮助头发抗击潮湿12小时，还能平复分岔的头发，同时保护头发免受卷发棒的热力伤害。

L'occitane
欧舒丹
金橄榄枝护发霜

可以对长发发挥滋润柔顺的效果，并能解开长卷发的纠缠打结现象，令长发恢复柔顺。

Mod's Hair
空气感柔卷喷雾

渗入发芯的塑形成分能令长发充满空气感，自然感绝佳的定型效果避免发丝僵硬。

Fekkai
纯橄榄油
光泽美化霜

含天然橄榄果油，洗发后马上使用可以增加长发的光泽感，同时减少卷发棒对头发的热伤害。

TIGI Foxy Curls Extreme Curl Mousse QQ 泡泡

慕斯状的卷发造型品，只需要乒乓球大小的用量，就能塑造无毛躁的弹力卷发造型。

Phyto
发朵九号发霜

含九种植物精粹，具有软化发质、高效补水以及深层滋润的效果，无需冲洗立刻恢复长发软度。

Utena matomage
简单头发定型膏

可直接涂抹在表面上的棒状发蜡，解决胡乱飞翘的短小碎发，也可以用来整理刘海。

长发如何选择造型产品

■头发长度太长容易出现营养供应不上导致的问题，因此所选的造型品必须不含酒精，避免加剧发尾分岔和断发。

■发量稀少的人可选购需要干发情况下用的造型品，因为这样的产品不会减少头发的厚度。发量本身比较多的人选择空间相对较大，湿发、干发可用的产品都可以尝试。

■想要增强发束之间的支撑感就选择喷雾，想要减少毛躁感就用啫喱和发乳，发泥和发蜡都会令头发服帖，而护理精华没有任何定型效果，只能增加发丝的光泽感和水润感。

■长发会在干燥的秋冬季节引起静电，选择含有精华成分的定型品可以减少静电产生的凌乱毛躁感。

CHAPTER 5
衣橱搭配

培养发型和服饰穿搭之间的默契

　　发型是服装的点睛之笔，而服装是发型的外衣，两者相得益彰密不可分！如果你始终找不到衣服和发型的共通之处，那么永远无法灵活匹配！衬衫、T恤、连衣裙、娃娃衫……它们都是女生衣橱里的普通一员，如何选择发型彰显时尚、搭出默契，本章开始破解谜团！

发型高低和服装单品的搭配铁律

在衣橱里慌忙套上就穿的衣服再加上随心所欲的发型，难怪你的发型和服装总是"闹不和"。专柜里的服装并非按照个人体型定制，未必人人合适，只有搭配正确的发型才能修饰服装本身的缺点，穿出完美。

发型与服装怎么搭才完美？首先需要将发型分为高位发型和低位发型两类：高位发型包括高盘发、高马尾、公主头、丸子头、朋克头、飞机头等；低位发型包括低发髻、低马尾、各式发辫、梨花头、波波头等。下面就为您讲解1秒钟就能完成配对的服装和发型搭配要诀。

领口高度

············ 窄领、中领及高领服装，适合搭配高位发型 ············

窄领　　中领　　高领

一不小心就会让脖子变得更短的领口款式，可以用高位发型来补救。通过将发量转移到头部的高处，提高发型的重心，令下巴和脖子周围倍感清爽，从而搭配出利落高挑的效果。

············ V 领、圆领、一字领服装，适合搭配低位发型 ············

V 领　　圆领　　一字领

这些款式本身能加大肩颈范围的空间感，如果没有头发修饰的话，将会曝光这里的脸型缺点。建议搭配低位发型，通过发量的增补，起到转移视线的效果。

肩部设计

············ 垫肩、挖肩、不规则肩服装，适合搭配高位发型 ············

垫肩　　挖肩　　不规则肩

垫肩可以修饰窄小的陡肩，挖肩能令瘦削的肩膀变得更加挺拔，不规则肩能修饰肩部赘肉……具有这些特点的服装尽量不要选择低位发型，否则会起到相反的效果。

············ 圆肩、尖肩、方肩服装，适合搭配低位发型 ············

圆肩　　尖肩　　方肩

无论是圆肩、尖肩还是方肩，都有加宽肩膀的效果，而"封闭"的肩颈区很容易令脖子看起来粗短。因此，可以选择低位发型从侧面或者两边修饰脸颊以及肩膀，打造不对称效果更加显瘦。

胸型剪裁

········ 胸型采用弧形、平口、一字形剪裁的服装，建议选择高位发型 ········

弧形

平口

一字形

这些胸型剪裁样式均不具有聚拢胸型的效果，因此遇到丰腴体型就会有加宽身形、"增胖"的可能，建议搭配重心较高的高位发型来化解，增加高挑修长感。

········ 胸型采用贝壳形、方形、三角形剪裁的服装，选择高低发型均可 ········

贝壳形

方形

三角形

这三种胸型剪裁都有聚拢罩杯、纤瘦上半身、突出脸型的视觉效果，因此在选发型上就不需要太过小心，高低位发型都可以列进选择范畴。

袖子轮廓

········ 宝盖袖、公主袖、蝙蝠袖服装，建议选择高位发型 ········

宝盖袖

公主袖

蝙蝠袖

这三种袖款设计都会加大肩部和上围的宽度，如果你恰好这些部位比较丰腴，可以通过将头发绑高或者盘起来，减轻中间段的比重，让上下比例更趋于优化。如果选择低位发型会让元素都挤在一团，显得中段肥胖。

········ 灯笼袖、紧身袖、喇叭袖，可自由选择高低位发型 ········

灯笼袖

紧身袖

喇叭袖

这三种袖款都具有纤细手臂、突出纤细腰线的效果，在发型的配对上比较自由，可把判断的依据交给领口，具体搭配什么样的发型，可以依据领口和肩部的设计来定。

发型和服装单品，谁才是天生一对

某些发型和某个款式的服装天生就是一对，你具备将它们两两配对的独到眼光吗？请把相配度最佳的发型和服装用直线连在一起！

挂脖小礼裙　　宫廷风衬衣　　宽松T恤　　复古风连衣裙　　机车外套　　公主袖上衣　　中腰连衣裙　　田园风娃娃裙

高马尾　　侧扎发　　丸子头　　粗发辫　　波浪大卷　　侧发髻　　半盘发　　朋克飞机头

答案揭晓：

高马尾————宽松T恤　马尾的休闲风格和T恤能配合得天衣无缝，是周末必选的轻松装扮。

侧扎发————复古风连衣裙　侧扎发是演绎复古风单品时最不容易出错的发型。

丸子头————田园风娃娃裙　娃娃裙和丸子头是森女造型中不可忽视的一对重要搭配。

粗发辫————公主袖上衣　两者都能突出女生的公主气质和精致感。

波浪大卷————挂脖小礼裙　性感风情的大卷发适合搭配能展现身材线条的礼裙。

侧发髻————宫廷风衬衣　气质感突出的侧发髻适合端庄大气的单品，简洁是两者共通的特点。

半盘发————中腰连衣裙　两者都能突出乖巧气质，是日常装扮中比较不容易出错的组合。

朋克飞机头————机车外套　都拥有狂野酷帅的特点，它们就是天生一对！

发型搭配服装的金科玉律

　　服装品牌新品迭出，你的发型方案已经跟不上衣橱更新的速度？别担心，只要掌握发型和服装的搭配原则，无论你的衣橱如何再添新丁，也能找到合适的发型方案。

好的发型要和衣服"作对"

　　穿搭服装和打理发型都不能忽视"轮廓"这个要素。无论你拿到什么衣服，请记住：宽松大轮廓的衣服可搭配紧致小轮廓的发型；而修身小轮廓的衣服则适合蓬松大轮廓的发型。好的发型要和衣服"作对"，从而达成视觉上的平衡。

服装和发型的"重点唯一"法则

　　我们常常会看到一些"用力过猛"的装扮，虽然各具心思但是毫无美感可言。造型中的重点如果过多，就容易产生冲突，出现不协调的感觉。服装如果是风格相当突出的单品时，发型不能喧宾夺主，应该化繁为简，将视觉重点让位给服装。

马尾是最百搭的发型

　　马尾发型几乎能和所有服装搭配。搭配休闲风格的单品，可以将马尾烫卷，利用造型品处理成凌乱的造型；搭配风格较正式的单品，可将马尾梳顺，用造型品打理成一丝不苟的样子。只要将马尾的细节稍加改变，就能以一敌百、玩转衣橱。

取长补短法则是第一原则

　　发型和服装如果能互相取长补短，一定能产生最好的整体效果。服装如果令肩膀宽厚，发型可以稍微遮挡修饰；而发型如果让脸型显得较圆，可以选择 V 领上衣来弥补。两者互相配合，不难穿出优雅得体的形象。

选衣试衣，发型上也要有备而来

　　仓促买回来的衣服竟不知道做什么发型？！这是你准备不充分的缘故。每个人的发质条件所适合打造的发型款式其实并不多，如果你打算今天采买服装，可以做好发型再去选衣试衣，这样你就能直观地看到最终呈现的整体效果，而不会买到一件件让你为难的衣服。

从品牌画册中获取灵感

　　如果你不善于将服装的风格分类，可以在选购衣服时翻看该品牌的服装画册，参考展示模特中所打造的发型，这绝对是这款服装最完美的发型方案。当然你可能无法原样复制，但可以简化风格，得到最适合你的发型方案。

办公室最忌讳的披头散发，可以用得体的卷发来解决。外翻刘海显得自信迷人，更能突出眼部的神彩。

BACK

只用卷发棒卷烫两圈半的发尾，以自然随性的态度征服大家。

通勤衬衫
搭配外翻刘海发型

穿着利落简洁的衬衫时，主旨要突出简约自信的气质。这款仅需要卷发棒和兔耳朵就能打造的发型，以特征性外翻刘海确立自信、不隐藏的明朗风格。

打造和服饰最有默契的发型
Step by step

1 选择直径 28 mm 的卷发棒，内卷发尾两圈半，令发尾拥有自然的卷度。

2 刘海依照 3：7 比例分边，用密齿梳梳整表面，在表面涂抹少许发蜡。

3 将刘海上翻，并用卷发棒向后卷烫一圈半，停留久一些，让卷度更加持久。

4 将定型喷雾快速横向移动，给发卷定型，注意不要喷得太湿。

5 趁喷雾未完全干透，用密齿梳尾部将岔开的头发迅速贴于发卷的表面。

6 耳后位置戴上兔耳朵发带，在刘海根部打结并将两耳压低即可。

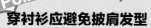

实战 Point:

穿衬衫应避免披肩发型

许多衬衫的版型都意欲加高肩膀，以穿出精神抖擞的感觉。如果搭配披肩发，则会封闭这个区域的视觉效果，显得局促、脖子短缩。如果一定要尝试披肩发，尽量选择单边披肩，刘海也不宜过长。

FINISH

许多人穿着衬衫会显得脖子短，将头发披在一边的做法就能很好地解决这个问题。

丸子头年轻个性，搭配经典白西服，规规业业之余也能做自己！

BACK

整洁利落的背面显示出职业化的一面，正背面都照顾到办公场合的需求。

通勤西服

搭配自信干练丸子头

马尾搭配西装？没有比这更无趣的打扮方案了！利用兔耳朵发带改良丸子头，严谨之余不乏自信干练，不仅能让你成为写字间的潮流代表，还能在下班后自信赴约。

打造和服饰最有默契的发型
Step by step

1 留出少许鬓角发，在头顶较高位置绑一个高马尾，用皮筋绑好固定。

2 将兔耳朵发带拉平，在马尾1/2的位置系结拉紧，同时使发带两边长度均等。

3 将系好结的马尾往上提，发带交叉绕在马尾根部，同时令发尾朝前放置。

6 定型之后再用夹子从各个方向固定，调整丸子头的大小，使其尽可能饱满蓬松。

4 经过数次缠绕后，马尾变成丸子头，发带长度适宜后交叉固定。

5 把丸子头分若干束头发往反方向撕开，分别用夹子固定在马尾根部附近，令其变得蓬松。

实战 Point:

注意西服的领口位置

    一般西服都是立起来的领口，如果脖子不是十分修长，建议尽量不要选择贴着脖子的发型，避免在领口处堆高造成脖子短缩的反效果。同样，在穿着垫肩西服时，也不要尝试在肩部堆积发量的发型。

FINISH

重心偏高的发型最为"提气"，是塑造强大气场的关键。

143

精致简洁的轮廓宛如完美短发，看不到长发盘就的痕迹。

BACK

背面的造型也和挺括的马甲风格相符，有让人想一探究竟的精致感

中性马甲
搭配精致内敛的收短造型

　　短发是马甲造型的最佳选项，如果你长发飘飘也不必抱憾，长发打造的短发更增添精致内涵。当然兔耳朵发带在长发变短的魔法中也不可或缺，无论长发有多长，有了它都会乖乖"服短"。

1 抓取顶区的头发，顺时针拧转两圈后推高固定，先做出头顶的蓬度。

3 左右两边分别编一条三股辫，从靠近耳垂的位置开始向下编，上半部分保持直发。

2 其余头发以头部中缝为界一分为二，并用梳子整理表面。

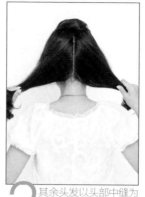

6 在step1做好的发包中间打结，两端绕成花朵状，再用尖尾梳轻轻将前额的头发挑高。

4 将兔耳朵发带拉平，分别从两条发辫的皮筋上方穿过，发辫之间适度拉开距离。

5 从下往上戴，发尾被悉数收进头发的里层，并且底部是圆弧形的。

实战 Point:

注意马甲的肩线

马甲的肩线就是发型的基准线，超过肩线或者离肩线有一段距离的发型绝对不会出错。相反，和肩线刚好贴在一起的及肩发型，尤其是深发色，会令发型和服装混沌不分，导致脖子变短、肩膀变宽的反效果。

FINISH

一丝不苟的清爽侧面，和兔耳朵发带一样将对低调的喜好充分传达。

蜷曲的发丝一点缀露出的肩膀，甜美和性感恰好平衡。

BACK

发辫、扎发和马尾三种元素集于一身，绝不单调。

休闲娃娃衫
搭配乖巧简洁扎发

　　娃娃衫属于重心偏下的服装单品，所搭配的发型最好位置略低，填补肩颈位置的空缺。兔耳朵发带的作用是当发型重心偏下时，填补上半区的空白，起到上下平衡的作用。

1 抓取头顶适量发量,从中线开始编一条普通的三股辫,一直编到发尾。

2 先在兔耳朵发带 1/2 的中间位置穿上一根橡皮筋,再绑到辫子末端。

3 以居中的发辫为界,将头发分为两等份,发带从头发下面穿过,两端朝上系好。

4 发带系牢后,发辫的末尾已经藏进头发底部了,再将右半区的头发梳顺。

5 轻轻拉高发辫,将右半区头发从外往里穿出。

6 左半区头发也按同样的方法,由外往里穿过发辫,和右半区头发一致。

FINISH

兔耳朵发带的运用让低垂发型不乏朝气,露出耳朵的做法更显得清爽明朗。

实战 Point:

穿娃娃衫应避免大而蓬的发型

娃娃衫宽松,可以增加上半身的丰腴度,适合略清瘦的女生,建议搭配利落清爽的发型。如果发型大而蓬松,一则不符合娃娃衫的清新气质,二来会令丰腴的上半身更加饱满,给人臃肿不轻便的感觉。

在耳后露出一小块面积，既俏皮也让脖子的线条更加修长。

BACK

兔耳朵发带的存在令盘发像花束一样散发花团锦簇的美感。

背心裙

搭配复古田园风盘发

宽度一致的肩带和贴合曲线的背部设计是背心裙的两大特点，所以露出脖子并且重心偏后的发型更适合表现背心裙的朝气和活力。

1 将耳廓上沿切线和头部中轴线以上的左半区发量集中，连同刘海一起向内拧紧，顺势盘成一个圆扁发髻。

2 对应的右半区将头发分成两份，用绞股的方法交叉拧成一条绞股辫。

3 在 Step1 做好的发髻右侧也顺势盘成一个大小一致的圆扁发髻，用夹子固定。

4 剩余的头发分为两份，用绞股的方式交叉拧成又一条长绞股辫。

5 顺时针从发尾开始向上卷，形成一个圆扁发髻，和上方两个发髻紧挨在一起固定。

6 用夹子将三个发髻相连，并拉松部分发束，兔耳朵发带系在耳后位置，并且在左耳后侧打结即可。

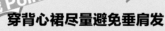

实战 Point:

穿背心裙尽量避免垂肩发

背心裙能修饰过宽的肩部，腰两侧收紧贴身的剪裁还能起到修饰手臂的作用。如果用垂肩、面积大的发型来搭配，不仅让背心裙的作用形同虚设，也会让上半身的比重更强，不如将头发束起来的发型更有"小一码"的效果。

FINISH

高耸蓬松的刘海是紧咬复古风格的秘诀所在，让兔耳朵塞在发髻下方也能起到支撑作用。

火热性感的斜分编发，帮助长裙的你穿出浪漫海岛风。

BACK

可爱甜美的内卷发尾也是这款度假风发型的必备要素。

低胸长裙
搭配度假风斜分编发

当你需要大量头发做大面积的编发时，一定担心发量取走后暴露发根，显得发量稀少。这时你会想到兔耳朵发带吗？利用发带可以遮盖暴露出来的发根，让编发的烦恼烟消云散！

打造和服饰最有默契的发型
Step by step

1 以右额额角线为界，将头顶以及刘海的发量全部梳到左侧，同时梳顺表面。

2 紧贴前额的发际线，以不断加股的方式编三股辫，慢慢往左边眉尾方向编。

3 保持每股头发均匀，一直编到发尾，然后用橡皮筋绑好固定。

4 掀起一块背面的头发，将刚才编好的辫子用夹子别进头发深层，隐藏起来。

5 两鬓的碎发用小直径的卷发棒造型，内卷两圈使它们带上一点卷度。

6 兔耳朵发带从两耳后侧穿过，在正好是编发开头的分线处打结即可。

FINISH

能修饰额头的斜分编发和 V 领长裙一样，都能产生瘦脸的效果。

实战 Point:
注意编发的细节处理

要搭配浪漫长裙，头发一定要做出曲度。卷曲的头发能令本来垂顺、直线型的长裙更加生动婀娜。如果你担心大弧度的卷发会显老，可以在鬓角发和发尾做几圈内卷，其余部分保持直发，既甜美还有减龄的效果。

麦穗一样的发辫恰到好处地遮着肩部，告别细肩带衣着的不自在。

BACK

背后交错的发线是俏皮女生的专利，是只属于夏天的青春标记。

休闲连衣裤
搭配随性俏皮花童辫

酷暑炎炎，头发都被汗水黏在肩上和额头上，有没有一款发型能一次性解决这两个问题？当你穿着细肩带的连身裤时，清凉的花童辫会比披肩发让你更喜欢夏天。

打造和服饰最有默契的发型
Step by step

1 将刘海往左侧太阳穴方向梳顺，稍微向内拧转2~3圈，用长夹夹好备用。

2 用随意的方式在背面抓取适量头发，在左侧耳后编一个加股的三股辫。

3 右侧也用同样的方法编好后，一手捏住发辫捆绑处，一手将每一股头发轻轻拉松。

4 刘海向内绕成一个扁圆的发髻，在太阳穴上方的发根处用夹子固定。

5 兔耳朵发带从两条发辫的下方穿过，拉至刘海的1/2位置打结，顺带起到固定刘海的作用。

6 在刘海和鬓角的分界处打结，交叉2~3次，令兔耳朵的长度和脸型匹配即可。

实战 Point:
穿细肩带长裤时应避免袒肩露额

如果你的肩膀和脖子匀称修长，没有一点赘肉，那么你可以尝试"袒肩露额"的发型。否则在肩膀做一些发辫甚至是留下几缕披散的碎发，才能让肩膀看起来不那么显眼。休闲长裤会让下半身的比重加大，因此前胸位置不宜留白，否则会让你看起来脚重头轻。

FINISH

从耳朵上侧就开始出现的发辫是避免俗气感的要诀。

平时默默无闻的发尾，此时变成整个发型的重点，轻松将圆领毛衣穿出欧美风格！

BACK

简单清爽的背面，令整体造型更加简洁不臃肿。

休闲毛衣
搭配周末懒人盘发

休闲风格的圆领毛衣是每个衣橱的必备单品，可是圆脸和圆领这对冤家怎么调停？只要将发型的位置调高，再加上兔耳朵的"巧妙提升"，圆领毛衣将不再是脸型的顾虑！

Step by step

1 将全头头发梳顺，抬高到45度角再上卷，卷发棒平行拿着内卷2~3圈。

2 居中的前额刘海抓高梳顺，按顺时针方向拧转1~2圈后，用夹子固定拧转处。

3 剩余的头发在略靠近左耳的位置梳高，并且按顺时针方向拧紧，形成卷筒状。

4 卷曲的发尾顺势放在左额上方，并用夹子固定，然后将卷度撕开令其蓬松。

5 兔耳朵发带从两耳后侧由下往上戴，上半部分需卡在卷曲发尾正好1/2的位置。

6 在卷曲发尾的位置打结，并且交叉2~3圈系紧，不要让卷发轻易移动即可。

实战 Point:

穿圆领毛衣要避免重心太低的发型

圆领会"吞掉"一部分脖子，再加上重心太低的型，就等于放弃了修长的脖子和脸型。一定要确保脖子和下巴全部露出来，额型不错的话也尽量采用露额发型，这样才能弥补圆领的穿着遗憾。

FINISH

饱满的后脑勺令脖子显得更加修长，减轻圆领缩短脖子的影响。

中分刘海和鼻梁以及开衫的开襟位置串联成一线，形成绝佳的瘦脸效果。

BACK

两层式发型也能拉长头部的长度，让卷度呈现层次美感。

舒适开衫
搭配甜美细节的复古半盘头

开衫不仅能"关住"丰腴的上半身，对脸型也有不可忽视的修饰作用。你也许之前没有留意：中分发型和开衫是绝对的瘦脸搭档，只有发型高手才懂得让它们俩同时展现。

1 将顶区后侧半径约 8 cm 的发量分出来，用尖尾梳分界。

2 头发拉至左耳后侧，逆时针拧转 1~2 圈后用夹子固定拧转处。

3 从右耳后侧抓取一部分发量，拉至左耳后侧后逆时针拧转 5~6 圈，用夹子夹在 step2 的固定处。

4 鬓角的头发和刘海都用内卷的方式烫卷，刘海内卷半圈，鬓角发内卷两圈。

5 用尖尾梳将头顶的发包表面挑高，塑造饱满浑圆的隆起造型。

6 将兔耳发带的宽度尽量展开，穿过头发下方，在左耳后侧打结，拉低兔耳即可完成。

FINISH

兔耳朵发带令头部后侧的头发可以隆起，辅助小脸形成。

实战 Point:
想瘦脸，就和开衫一样遵守中轴对称原则

开衫的对襟中线就是做发型的基准线，中分刘海、对称出现的卷曲鬓角以及高耸发包，都会让同样也是中轴对称的五官看起来比例更好，脸部看上去更小。除了发尾可以摆放在不同的方向，尽量让发型上的主要元素都居中呈现吧。

像娃娃一样可爱的发型，让洋装穿出最适合的味道。

BACK

一气呵成的盘发，完全演绎了复古发型的要领。

中高领洋装
搭配复古甜美的低位盘发

直发搭配洋装无疑会变得更加保守，要穿出复古洋装的年代美感，可参考50年代的名媛打扮，卷曲的刘海加上回旋的发尾，丝绒发带也能令复古味更加浓厚。

1 用密齿梳将全部头发往右侧梳顺，拢到右侧耳垂的后方。

2 将兔耳朵发带拉平，选择离末端约 10 cm 的位置，把马尾系紧，并保留一段马尾。

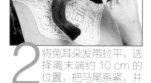

3 将发带和马尾一起向内拧转数圈，感觉右侧底部的发根稍紧即可停止。

6 用直径小于 28 毫米的卷发棒内卷刘海的发尾，每份头发内卷半圈即可。

4 较长的一端发带从兔耳朵上方绕过，经头一圈，在拧转的位置相交。

5 发带的两头交叉 1~2 圈后定型，此刻发尾略微上扬，垂在耳朵边上。

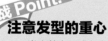

实战 Point:

注意发型的重心

当穿着中领或者高领的服装时，发型的重心最好在两耳水平线以上。否则重心太低的发型容易让肩颈区域的元素过于饱和，显得肩颈累赘臃肿。刘海过厚的情况也建议用内卷发尾的方式"打薄"，露出一点前额的肌肤，这样看起来比较明朗有活力。

FINISH

祖母绿丝绒发带让典雅的咖啡色洋装显得更加精致。

糖果配色的清凉造型，搭配花团头上若隐若现的碎花，令年轻时感觉像橘子汽水中的气泡一样频频爆发。

BACK

你抓住让自己更可爱的秘密了吗？那就是微微歪向一边的小巧思。

镂空小罩衫
搭配可爱日系花团头

镂空小罩衫演绎的是季节的清爽和年龄的无畏，在发型的选择上应该可爱活泼。摒弃老气沉重的盘发思路，追求个性鲜明的大胆效果，让兔耳朵发带展示出它最擅长的创意用法吧！

打造和服饰最有默契的发型
Step by step

1 预留出刘海和适量的鬓角发，其余头发绑好高马尾。

2 将兔耳朵发带拉平，在马尾的捆绑位置打结系紧，此时发带两端长度对等。

3 将马尾和发带一起一分为二，两边发量尽可能划分均等。

4 用绞股的手法让两边绕在一起，一直绕到发尾形成一条长辫。

5 抓住绕好的头发和发带，按照顺时针方向在头顶盘起来，发尾绕进花团头的底部。

6 通过调整发带内置钢丝的硬度，令花团头更加饱满圆润，可拉松部分发丝更添可爱感。

实战 Point:

注意花团头的位置

　　如果你的脸型比较长，注意不要让花团头处在居中的位置，否则会演变成古板的道姑头。以鼻梁为中线，短小的脸型可以稍微居中。另外做花团头时，体积也不宜过大，搭配卷曲的刘海是减龄秘诀所在。

FINISH

富有女生气息的花团头让每一次笑容都带有青春甜度。

精致的盘发不乏休闲随意的感觉，更重要的是看不到一丝慵懒。

BACK

简单清爽的背面让人体会到周末发型的轻便感。

长袖 T 恤

搭配法式休闲风轻便盘发

　　T 恤再加上漫不经心的凌乱发型？你正在毁掉来之不易的"桃花运"！如果你来不及打理自己的凌乱发尾，索性利落地盘起来更显轻便休闲，也可以令 T 恤穿出法式风格的优雅。

打造和服饰最有默契的发型
Step by step

1 刘海按 3∶7 的比例分界，分量大的刘海向左侧拨去并用喷雾定型。

2 在头顶抓取适量头发，顺时针拧转一圈半后推高，使头顶的发型增高。

3 在拧转位置的左右侧分别用几枚夹子别紧，夹在拧转处牢牢固定。

4 兔耳朵发带拉平，在距离发尾约 20 cm 处打结拉紧，将全部头发绑在一起。

5 发带两头朝上，并慢慢拉起，发尾需同步塞进颈部后侧的头发底部。

6 发带从两耳后侧的位置穿过，在靠近前额发际线上打结，调整成蝴蝶结状。

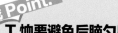

实战 Point:

T 恤要避免后脑勺扁平的发型

后脑勺扁平毛躁，看样子你更像是在沙发上躺了一天。穿搭 T 恤这类扁平单品时，发型背面切忌"坦坦荡荡"，利用拧转或者内卷技巧做出一些弧度，能让侧面的线条更加美观，整体形象看上去也更加蓬勃朝气、富有活力。

FINISH

微微扬起的前额刘海是修饰脸型的"小心机"

163

柔软的发尾和增高的顶区，通过兔耳朵发带的鲜明划分变得别出心裁。

BACK

令卷度错开的两截式发型，这是背部的高挑"小心机"。

开襟外套
搭配甜美风格赫本半盘头

　　论甜美风格的鼻祖不得不追溯到 20 世纪 50 年代的美神奥黛丽·赫本，和她一样永载时尚史的还有顶区增高的公主式盘头。这种发型能搭配各式甜美的洋装外套，令造型甜度再度攀升。

打造和服饰最有默契的发型
Step by step

1 以两眉的平行线为界，将上半区头发用尖尾梳挑出，梳顺表面备用。

2 按照顺时针方向拧转1~2圈后整体推高，形成隆起造型后，用夹子固定在下层头发的发根处。

3 耳廓前面的头发为鬓角发，卷发棒倾斜45度内卷两圈半，令其形成自然卷度。

4 拉开30 cm的距离，用定型喷雾给刘海定型，趁其未干时用梳子迅速服帖表面岔发。

5 兔耳朵发带从头发底部发根穿过，由下往上系，在前额的发际线处打结。

6 拧转1圈后，将兔耳朵的两端分别从上下两个方向塞进发带里即可完成。

实战 Point:
高耸简洁才能"扮名媛"

为了突出傲气和高贵感，头发的高度是名媛发型的一大重点，可以效仿帕丽斯·希尔顿以及奥利维亚·巴勒莫，她们的发型都具备高耸、简洁这两个特点，因此搭配各式服装都能产生气质出众的感觉。

FINISH

兔耳朵的"超前"佩戴位置，以及紧压刘海根部的做法，效仿了20世纪50年代的时尚名媛。

翩然跃起的蝴蝶结头饰让厚重的外套多了轻盈之姿。

BACK

丝绒质感的蝴蝶结动静皆宜，比寻常发饰更有巧思。

长款大衣
搭配增加身高的空气发包

担心外套厚重拖了身高后腿？发型可以解难！通过加高顶区以及前额的发量，悄悄埋下增高伏笔。做成大蝴蝶样式的兔耳朵发带相当巧妙，留下甜美背影之余，也让沉闷寒冷的冬季装扮活力十足。

Step by step

1 以两侧额角为界，头部后侧中轴线为中分线，将顶区的头发分为两等份，分别向内拧转。

2 两边头发都拧转之后向头顶推高，再用夹子固定拧转处，做成两个立体的小发包。

3 在拧转处的下方用尖尾梳分出一块呈倒三角形的区域，用兔耳朵发带将这里的头发扎紧。

4 利用钢丝的可塑性，发带的两边分别内折然后叠在一起，形成一个大蝴蝶结的样式。

5 将 step3 扎好的头发沿着蝴蝶结中心向上翻，绕过蝴蝶结的右半部分。

6 绕过之后从蝴蝶结下方穿出，再穿过头发形成的空洞向左拉，利用头发就可把蝴蝶结固定好了。

实战 Point：

发饰质地和大小很关键

穿着厚重的冬装，丝绒、呢子、毛绒面料的发饰最相得益彰、温暖宜人，而宝石、合金、树脂材质的发饰更适合营造属于夏日的清凉感受。发饰大小也决定了它们的佩戴位置，越大的发饰越适合用在顶区以及背面，小发饰则建议用在侧面和正面。

FINISH

加高的前额和顶区将脸型完美修饰，成就气质名媛范。

CHAPTER 6
造型"心机"

小技巧改造发型缺陷

　　每个人做发型时都会遇到一些小难题，甚至发型达人也会被它们绊倒。你有想象过，一根小小的发带竟然可以使问题都迎刃而解吗？没错！兔耳朵发带可以解决很多发型上的烦恼。替代夹子、增加发髻牢固度、解决夏季披发闷热问题……全能兔耳朵发带这次一定令你刮目相看。

头发太少显得两侧很单薄，怎么办？

兔耳朵发带的解决方案：

　　用兔耳朵发带将侧面的发根提起，让头发呈现出堆叠效果，加蓬侧面的发量，解决侧面头发单薄的问题。

Step1:
　　将兔耳朵发带从两耳后侧向上系紧，同时拉紧发根，加强两侧的蓬松度。

Step2:
　　以太阳穴平行线为界，将上半区的头发从中间梳开，分成两等份。

Step3:
　　每份发量分别向上拧转2圈，并将拧转处向发带的侧边拉近。

Step4:
　　将拧转处用夹子固定在兔耳朵的侧面，发尾从侧面披散，就能达到加蓬侧面发量的效果了。

起床仓促，5 分钟如何快速打理漂亮的盘发？

兔耳朵发带的解决方案:
　　只要"打个结"和"转几圈"，精致考究的盘发完全可以借助兔耳朵发带来完成。

Step1:
　　先将修饰脸型的鬓角发预留出来，剩下的头发梳至后侧，用兔耳朵发带系紧发尾。

Step2:
　　将发带的两边合并在一起，带动头发向下拧转，直到感觉靠近脖子的发根被拉紧。

Step3:
　　发带再次拆分开来，同时需要保持拧转处的紧度。

Step4:
　　发带的一端由下往上从左耳后侧向上拉，和另一边发带系在左侧斜上方即可。

BACK

SIDE

厌烦了没有刘海的发型，怎么才能实现愿望呢？

兔耳朵发带的解决方案：
卷度自然的发尾可以变成优雅的斜刘海，而兔耳朵发带就是让它乖乖听话的秘密武器。

Step1：
以太阳穴平行线为界，将上半区头发顺时针拧转后向上提，并用夹子固定拧转处。

Step2：
剩余的下半区头发也按同法拧转，叠在step1的拧转处，同样用夹子固定，发尾向前额摆。

Step3：
两次拧转后发尾堆叠在前额，用手整理出你想要的蓬松，并向右调整出斜刘海的造型。

SIDE

BACK

Step4：
戴上兔耳朵发带后，用大直径的卷发棒稍微内卷发尾，令假刘海的弧度更加自然。

每次用橡皮筋绑侧扎发都觉得头皮很痛，怎么办？

兔耳朵发带的解决方案:
　　由兔耳朵发带打造的绑发不仅紧贴颈边修饰脸型，还能免除橡皮筋束发的痛苦。

Step1:
　　将头发随意分成两份，分界不要太清晰，右侧半区用兔耳朵发带从中间系紧。

Step2:
　　双手分别拉住发带的两边，将头发慢慢向左侧移去，令右侧头发出现圆润饱满的弧度。

Step3:
　　用左边的发带将左半区头发绕1圈后，向右拉，将左右发量圈在一起。

Step4:
　　将发带两边打一次结后，拆分，经过两耳后侧系在头顶，再将两耳塞进发带内即可。

BACK

SIDE

夹子伤发，如何不用一枚夹子就能打造低垂发髻？

兔耳朵发带的解决方案：
　　将头发分区后，分别绕于兔耳朵发带做成的"线圈"上，轻松完成低垂发髻。

Step1:
　　将所有头发向左梳拢，兔耳朵发带对折后系在头发上，并将一头撑开，变成一个线圈。

Step2:
　　将头发从中间分成两等份，头发略细碎的话可在表面用一些发蜡抚平。

Step3:
　　两份头发分别绕在兔耳朵发带做成的线圈上，越均匀越好。

Step4:
　　最后将兔耳朵打开，向上提拉，穿过头发系在step1的捆绑处即可。

单纯用手，每次都盘不出低矮的小发髻，怎么办？

兔耳朵发带的解决方案：
　　利用兔耳朵发带强有力的内置钢丝，帮头发撑出饱满的圆形发髻，令发髻始终保持挺立有型。

Step1：
　　将头发全部向后梳顺，在距离发尾约15 cm的地方用兔耳朵发带系紧。

Step2：
　　发带两边展开形成一字形，再向内旋转，令头发形成隆起的弧度。

Step3：
　　将发带拉高，留出来的发尾可塞进隆起的发包内，加强饱满程度。

Step4：
　　发带经过两耳后侧向上系紧，发髻被拉高后形成饱满圆润的发髻即可。

BACK

SIDE

发量不足，如何做成一个饱满的侧发髻？

兔耳朵发带的解决方案：

发量不足可以巧借兔耳朵发带加大体积感，并兼具固定功能，随性交错的发带还让发髻增色不少。

Step1:

先将右侧的头发向左梳顺，以编三股辫起步，将下层头发向左侧聚拢。

Step2:

兔耳朵发带对折后系在三股辫的中间，并且向上翻卷2圈，令这个部分的头发藏在耳下。

Step3:

将左边剩下的头发由下向上绕，绕在发带的捆绑处上方，并将发带的两耳展开。

Step4:

将展开的两耳从头发内外两侧插入，紧压钢丝，将发尾扣紧固定即可。

SIDE

BACK

盘好的发髻不能长时间维持，容易下垂，怎么办？

兔耳朵发带的解决方案：
　　利用兔耳朵发带的内置钢丝固定发髻，既能让发髻对抗地心引力，又能起到装饰作用。

Step1:
　　将全部头发往后梳顺，向上翻卷形成一个中空的发筒，用夹子稍微固定成形。

Step2:
　　兔耳朵发带由上向下经两耳后侧系，在发筒的下方打两次结系紧，起到托高发髻的作用。

Step3:
　　将发带的两耳展平，并且调整到比发筒略高的位置。

Step4:
　　把发带的两耳分别从发筒的两个入口穿入，利用钢丝的支撑力将发髻再次托高。

BACK

SIDE

夏季闷热，长发造型如何既清凉又有型？

兔耳朵发带的解决方案：

　　没有闷热顾虑的蓬松长发是大多数女生夏日的心愿，超隐蔽绑发加上兔耳朵发带的造型，确保发型散热透气，告别长发闷热感。

SIDE

BACK

Step1.
以耳垂平行线为界，将上半区的头发先用分区夹固定待用。

Step2.
用密齿梳将下半区的头发梳顺，颈后如果有细碎汗毛，也可用发蜡向后集中。

Step3.
用发圈将这部分头发绑成一个小马尾，同时注意不要将发根拉得太紧。

Step4.
兔耳朵发带从小马尾下方穿过，经两耳后方向上系紧，再将头发全部放下来即可。

头顶头发少、三股辫太细没效果，怎么办？

兔耳朵发带的解决方案：

把兔耳朵发带编进三股辫里，增加发辫造型存在感，三股辫无论从立体度和造型感上都大大增强了。

Step1:
在左侧头顶选择一把发束系上兔耳朵发带，同时让发带左端比右端略长一些。

Step2:
把发带左端当做头发，和鬓角发编在一起，沿着发际线向左耳后侧编发。

Step3:
将发带左右两端展平，左端拽着三股辫的尾端经后颈穿过向上拉。

Step4:
发带绕头一圈后系在右耳后侧，让兔耳朵藏在右耳后侧即可。

BACK

SIDE

发尾总是乱翘，侧绑发怎么做才能显得利落优雅？

兔耳朵发带的解决方案：
兔耳朵发带可以轻松驯服桀骜不驯的发尾，让凌乱不堪的发尾柔顺服帖。

SIDE

BACK

Step1:
在右耳上方选择一把发束作为开端点，将兔耳朵发带打结系紧。

Step2:
将发带两端并拢同时向左侧拉，将头发分成若干等份，分别向上绕进发带内。

Step3:
收尾时将头发和发带分成两份，拉紧发尾，并用有发带的发束绕数圈固定。

Step4:
绕完后将两耳展开，互相对拧数圈打造成俏皮的兔耳朵造型就完成了。

绑发没新意，如何利用兔耳朵发带做别出心裁的发型？

兔耳朵发带的解决方案：

兔耳朵发带的内置钢丝不仅能轻松盘出美丽发髻，还能为发髻增添几分甜美感觉。

Step1:
预留一些两侧的鬓角发，以太阳穴平行线为界，用兔耳朵发带将这部分头发系好。

Step2:
将兔耳朵展平，把剩余的头发连同鬓角发一起，依照等距宽度绕在发带的两端。

Step3:
先将左侧发带盘成小圆髻，再将右侧发带按照顺时针方向叠在上方，同样盘成圆髻。

Step4:
最后利用发带的两端将松脱出来的发尾扣紧，紧致饱满的发髻就完成了。

BACK

SIDE

不打毛不逆梳，后脑勺饱满还有其他方法实现吗？

兔耳朵发带的解决方案：

深色兔耳朵发带不仅能达到丰盈发量的效果，还能让脸型更加修长立体，从而拯救扁平后脑勺。

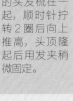

Step1：
将后脑勺的头发梳在一起，顺时针拧转2圈后向上推高，头顶隆起后用发夹稍微固定。

Step2：
在拧转处系上兔耳朵发带，将结拉紧，并且保持发带两边长度均等。

Step3：
发带向上包绕，沿着后脑勺的曲度，系在刘海根部。

SIDE

BACK

Step4：
通过拉紧发带，使发圈缩小，加强后脑勺的隆起程度，解决后脑勺扁平问题。

手笨初学者，如何速成一款俏皮乖巧的盘发？

兔耳朵发带的解决方案：

　　头发再不听话，可任意塑形的内置钢丝也能帮它们"拗造型"。只露一截俏皮马尾的盘发让可爱程度扶摇直上。

Step1:
　　将全部头发向右梳高，在与太阳穴齐平的位置用兔耳朵发带系紧，绑成基本马尾。

Step2:
　　将马尾梳顺后，一手拉住马尾发尾，一手将发带两端紧绕马尾。

Step3:
　　绕好的马尾顺势向上弯，在左侧找一处宽度约5cm的发束作为固定点，将发带的一端穿过。

Step4:
　　兔耳两端打结系紧，整理出俏皮向上的造型，再将发尾稍加整理即可。

BACK

SIDE

发量不够、发辫看起来太瘦小，怎么办？

兔耳朵发带的解决方案：

借助兔耳朵发带增加发辫体积感，告别瘦小与毛糙。丰厚立体的发辫还有兔耳朵跳跃的颜色作为元素穿插，活力感十足。

SIDE

BACK

Step1.

在右侧头发中选择任意一把发束作为起始点，将兔耳朵发带系紧，同时令发带两边长度均等。

Step2

将发带两边混入头发中，按照一般程序编三股辫，利用钢丝韧性拗出形状，增粗发辫。

Step3

接近收尾时确保兔耳朵两边分开，选择长度较长的一边绕发辫一周，以此固定发辫。

Step4

兔耳朵两边打结系紧，发辫就可以固定下来避免散乱了。

丸子头如何 3 分钟速成？

兔耳朵发带的解决方案：
　　只借助最简单的打结技巧，丸子头可以急速达成，兔耳朵发带做成的丸子头可以达到像注入空气一样的蓬松饱满。

Step1:
　　将兔耳朵发带系在已经绑好的马尾上，然后将头发逐片撕开，让发量变得蓬松一些。

Step2:
　　将马尾的发尾逐片拧转数圈后向上翻，拧转可以大大保留头发的蓬度。

Step3:
　　兔耳朵在蓬松的发尾交叉一圈后再次系紧，令丸子头定型。

Step4:
　　再交叉数圈，每次交叉都将部分发束扎紧，令丸子造型更加立体，调整发束即可。

BACK

SIDE

头发易滑，怎么盘发才能避免发型松脱？

兔耳朵发带的解决方案：

加入兔耳朵增加发丝摩擦力，盘发会变得更加简单。即使直发也能盘出紧致牢固的发髻，盘发位置随意选，加高哪里由你定。

Step1.
以太阳穴平行线为界，将上半区头发用兔耳朵发带扎紧，先做一个半头马尾。

Step2.
马尾的发量从中间一分为二，分别和发带的两端合并在一起。

Step3.
左边兔耳和头发顺时针绕成小圆髻，右边兔耳和头发绕左发髻一圈后，穿过左侧发束系紧。

Step4.
打结系紧后将两边兔耳朵互相绞绕，把发髻的位置固定下来，形成可爱的兔耳造型即可。

长发披肩厌烦了，长发可以立变及肩发吗？

兔耳朵发带的解决方案：

    将长发分区后交叉，缩短长度，兔耳朵发带可以增加及肩发的俏皮感，避免老气和古板。长度和卷度都倍显俏皮的及肩发型，减龄效果胜于飘逸长发。

Step1:
    将前额的头发用少量发蜡抓高，发尾向后翻转并用夹子固定。

Step2:
    兔耳朵发带经两耳后侧向上系，在前额发的靠后端打结，做出兔耳的俏皮造型。

Step3:
    剩余的头发从中间分为两等份，分别向内拧转4~5圈。

Step4:
    两份发量互相交叉，发尾相对朝外，垂在两耳的后侧，发尾刚好触及肩线，用夹子固定。

BACK

SIDE

定型喷雾使用过频伤发质，如何盘发才能稳如泰山？

兔耳朵发带的解决方案：

　　在易松动的部位用兔耳朵发带的钢丝固定，牢固度可超过任何发夹。高高扬起的发髻即使保持一天也不会松脱变形。

Step1：
　　将准备要盘起来的头发向左梳顺，用兔耳朵发带系紧，先打造一个低马尾。

Step2：
　　在马尾斜上方的位置选择一高一低两把发束，将兔耳朵两耳依次穿过拉出。

Step3：
　　用少量发蜡抚平表面毛躁的碎发后，抓起马尾的发尾向上提。

SIDE

BACK

Step4：
　　将发尾靠近step2的穿插处，两耳打结同时将马尾系紧，发尾朝外稍加整理即可。

半盘发毫无新意，怎么改变才能创新？

兔耳朵发带的解决方案：

利用兔耳朵发带划分头发层次，即使技巧很简单，也能打造创意发型。比普通半盘发拥有更多细节的改良版半头，更突出女生的柔美和精致。

Step1：
以太阳穴平行线为界，将上半区的头发预留出来，用兔耳朵发带在耳垂对应位置打结系紧。

Step2：
在打结位置的左右两侧，分别挑出一把宽度约6cm的发束，让兔耳朵从底下穿过。

Step3：
将兔耳朵经两耳后侧向上提，同时也令后脑勺的头发变得饱满隆起。

Step4：
两耳在头顶刘海边缘系紧，发型的层次也因兔耳朵的拉紧变成三个层次。

BACK

SIDE

189

如何驯服容易散乱的大片斜刘海？

兔耳朵发带的解决方案：

　　利用兔耳朵发带压住刘海末端，可以将刘海造型牢牢锁定。大斜分刘海能有效瘦脸，令脸部五官的优点更加突出。

Step1:
先在头顶做一个基本的花团头，拉松发束使造型看起来立体蓬松。

Step2:
将刘海用密齿梳向左梳顺，梳顺后用少量发蜡抚平表面的碎发，下沿调整到刚好触及眉毛的位置。

Step3:
兔耳朵经两耳后侧往前系，左侧压住刘海末端，上面压住刘海发根，两点一线固定刘海。

Step4:
略长的发尾以及后颈的碎发都可塞进兔耳朵发带内侧，用夹子固定即可。

SIDE

BACK

不借助任何夹子和定型剂也可以将长发收短吗？

兔耳朵发带的解决方案：
借助兔耳朵发带打造外卷盘发，轻松将长发收短，蜕变利落造型。

Step1:
为了让头发厚度变薄，先将两鬓的头发绑成三股辫，末尾用皮筋绑好固定。

Step2:
后侧的头发梳顺，在距离发尾6~8 cm的位置，用兔耳朵发带系紧绑好。

Step3:
发带展平后将头发顺势向上外卷，将发尾藏在发筒内部，慢慢向上卷。

Step4:
卷到与耳垂水平的位置可停下，让兔耳朵从两耳后侧向上系紧即可。

BACK

SIDE